蔬菜病虫害绿色防控实战丛书

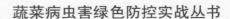

西瓜疑难杂症图片对照
诊断与处方

第 2 版

潘阳　孙茜　主编

中国农业出版社

北 京

图书在版编目（CIP）数据

西瓜疑难杂症图片对照诊断与处方/潘阳，孙茜主编. —2版. —北京：中国农业出版社，2019.3
（蔬菜病虫害绿色防控实战丛书）
ISBN 978-7-109-25339-1

Ⅰ. ①西…　Ⅱ. ①潘…　②孙…　Ⅲ. ①西瓜-病虫害防治　Ⅳ. ①S436.5

中国版本图书馆CIP数据核字（2019）第050179号

中国农业出版社出版
（北京市朝阳区麦子店街18号楼）
（邮政编码 100125）
责任编辑　张洪光　阎莎莎

中农印务有限公司印刷　新华书店北京发行所发行
2019年3月第2版　2019年3月北京第1次印刷

开本：880mm×1230mm　1/32　印张：3.5
字数：100 千字
定价：26.00 元
（凡本版图书出现印刷、装订错误，请向出版社发行部调换）

第2版编写人员

主　编　潘　阳　孙　茜
副主编　张尚卿　张家齐　潘文亮　孙祥瑞
　　　　王娟娟　俞风娟　邸垫平
参　编（以姓氏笔画为序）
　　　　马广源　王吉强　王伟娟　汪　洋
　　　　汪亮亮　苗少娟　李　向　李丽娟
　　　　李耀发　岳艳丽　武传志　范静芳
　　　　张建峰　张爱红　柳春红　杨　菲
　　　　袁立兵　袁文龙　袁章虎　郭　明
　　　　窦守众

第1版编写人员

主　编　孙　茜

副主编　潘文亮　刘俊田　张海存　张　梁
　　　　张凤国　啜惠娥　戴东权

参　编（以姓氏笔画为序）
　　　　马世龙　王守军　方春雨　孔晓春
　　　　刘大俊　刘　宏　纪世东　李海燕
　　　　李丽娟　李　鹏　李兵广　李国勇
　　　　宋国龙　吴晓杰　杨宝英　张金华
　　　　张艳华　张淑玲　张牧海　胡铁军
　　　　侯文月　钟少宁　顾江宁　尉　晨
　　　　龚贺友　董灵迪

序　言

　　"无公害蔬菜病虫害防治实战丛书"自2005年出版以来，得到了河北省乃至全国广大菜农和技术人员的广泛关注和喜爱，为正确诊断蔬菜病虫害、科学准确使用农药和推进蔬菜产业健康快速发展发挥了十分重要的作用。

　　目前，蔬菜产品的质量安全是社会和消费者关注的热点之一，正确应用高效低毒农药防控蔬菜病虫害，是保证蔬菜产品质量安全的关键环节。多年以来，孙茜研究员长期深入蔬菜生产基地，融入广大菜农中间，共同深入研究探讨，反复多次试验示范，并从生产实践中整理总结出了非常宝贵的新经验、新点子、新方法、大处方、小处方、防治历等多种好技术，应用效果好，实用性非常强，是解决蔬菜生产中病虫害技术问题的"神方妙法"，是解决蔬菜生长异常难题的"灵丹妙药"。

　　"无公害蔬菜病虫害防治实战丛书"的修订再版，又融入了许多新的内容、新的技术、新的方法和新的农药品种，并更名为"蔬菜病虫害绿色防控实战丛书"。该书的特点是文字简洁凝练，内容丰富，图文并茂，白话叙述，一看就懂，简单易学，是菜农和技术

蔬菜病虫害绿色防控实战丛书

人员离不开手的技术工具。该书的再版，必将为蔬菜产品质量安全水平提升、蔬菜产业提质增效发挥更大的技术指导作用。

河北省蔬菜产业发展局调研员

农业农村部蔬菜专家技术指导组成员　王振庄

中国蔬菜协会副会长

2018年10月

前　言

　　蔬菜在人们的生活中占有非常重要的地位，蔬菜产业也已经是中国农民重要的致富产业。"无公害蔬菜病虫害防治实战丛书"作为无公害蔬菜生产的指导用书，自2005年出版发行后，受到广大菜农和一线技术人员的好评，得到了菜农的广泛认可和实践验证，他们纷纷来电来（信）通报按照该书防治大处方操作后取得的丰收喜讯。这套丛书也已经印刷了数次，发行80余万册。并得到了同行专家的肯定，2008年获得了"中华农业科技奖科普图书奖"、2009年获得"河北省优秀科普资源二等奖"。在我身边聚集了遍布全国的菜农粉丝和新技术的示范农户。源源不断的菜农朋友们的喜讯和奖励荣誉，让我作为一个科技推广人员多了一份忐忑，更感到自身的责任和义务。

　　随着设施蔬菜种植面积的迅速扩大和经济效益的逐年增长，以及无公害或绿色蔬菜生产的需要，蔬菜生产一线各种问题也在增多，设施蔬菜的连茬、重茬种植以及农药和化肥施用的不规范，仍然是蔬菜生产中的重要问题。种植模式多种多样致使病害种类繁多、发生情况更加复杂。当前，蔬菜安全生产和绿色农业战略是我国农业和蔬菜产业发展的总趋势。在责任编辑的邀约下，我把近期承担的绿色蔬菜生产技术集成项目与菜农共同示范完成的"绿色蔬菜病虫害保健性防控新技术"编入修订书稿中，把近期生产实践中获得的新经验、新点子、新方法、小处方收集整理编入修订书稿中，把农药新品种、改良土壤连茬障碍和盐渍化新配方、近期发生的新病害救治技术等内容编入修订书稿中，同时保持第1版技术简便、易学、好操作的风格。这套丛书仍然是以绿色农业和生产无公害蔬菜为宗旨，以保障菜农丰产丰收为目标，从目前职业菜农种植实战需求出发，对不易诊断的病害问题，对非典型和疑似病害进行辨别、分析，提出解决问题的办法，给出救治方案。

在丛书修订再版之际，衷心感谢河北科技菜农俱乐部的科技菜农团队给予的病虫害绿色防控技术方案的示范验证，感谢他们的生产一线工作经验和体会的分享。感谢在试验示范中提供蔬菜种子、农药的企业单位。有了这些丰富的田间一线的工作经验和体会，才有了更贴近生产一线的符合当前蔬菜安全生产和农药减量控害要求的实际操作技术。企盼这套丛书成为菜农朋友、蔬菜园区技术人员实用的致富工具。

孙 茜

2018年11月

目　录

写在前面的话

随着设施蔬菜种植面积的快速发展和种植模式的增加，设施蔬菜的连作、重茬和农药、化肥使用的不规范，使得菜农致富愿望与现实相悖。蔬菜种植种类和种植模式繁多、茬口叠加交叉，使生产中的病害种类繁多、情况复杂。蔬菜价格高时，农民对蔬菜大水大肥伺候，病虫害发生时舍得所有好药、贵药一起上，与当今消费者对绿色、安全、优质、低农残的要求相去甚远。往往是品种改变了、设施设备先进了、施肥水平上去了，但是病虫害防治水平仍然停留在原处。预防舍不得用好药，发病后却拼命用好药、重复用药、大量混合用药。生产中的主要问题如下：

1.老菜农凭着老经验，任意加大用药量和盲目混用多种类药剂，随意缩短安全间隔期，使得蔬菜生长在"治病也致命（残）、致畸"的环境里。长期落后的栽培措施和病虫害防治手段与优良品种的种植要求不相适应。防治用药乱、混、杂现象仍很严重。其结果只能引发西瓜植株生长异常，如图1。

图1　唑类杀菌剂造成的茎蔓皱缩药害

2.多元有效成分桶混防病时，忽略了对瓜菜生长的安全性，造成药害肥害，对蔬菜瓜果的刺激性和危害性极大，也给不法农资经销商经营假药、次药以可乘之机，诱使瓜农多用药、混用药，如图2，造成西瓜畸形裂瓜等药害现象非常普遍，如图3。

3.落后的病虫害防治理念与无公害设施蔬菜施药技术不相适应，施药时忽略了天气环境、生长期等因素。比如在昼短夜长、弱光环境下不考虑植株生长现状、恶劣条件和药剂吸收渗透的规律，施药剂量仍然不减，一个浓度用到底，甚至加入增效剂致使叶片渗透作用加快，引发薄皮西瓜幼瓜产生渗透性斑块，如图4，高温环境的积水和地膜裸露暴晒后会引发叶片烫伤，如图5。

图2　瓜农一喷雾器内混配多种药剂

图3　滥用激素造成的裂瓜

图4　大剂量多种类喷施对叶片造成的灼伤白斑

图5　地膜裸露暴晒后引发的叶片烫伤

4.打药万能论。缺素症和肥害与病害混淆，不论什么原因，有病或有异常就喷药。瓜农缺乏病虫害防治的基本知识，保秧护果意识强，唯恐瓜菜得病。一旦发生异常则拼命喷药，有时仅仅是一种病害发生，也要加几种治疗其他病害的药剂一起喷，如人为过量施肥引发的有害气体熏蒸使得西瓜茎蔓叶片功能性褪绿或硬化脆裂，如图6。

图6　过量施肥有害气体熏蒸造成的西瓜叶片黄化褪绿

随着反季节多种种植模式栽培西瓜面积的增加，使得各种病害随着季节差异、气候差异和用药混乱而产生不典型症状，以致难以辨认。我们在为菜农做病害咨询、指导培训中，直接面对上述问题，经历了从单一病害的识别诊断、农业措施防治及农药补救的较专业化的辅导，到将复杂的病、虫、草、药、寒、盐、冻、涝害等植株症状相区别，并将植保技术简单化、系列化、方案化（处方化）的指导历程。近几年，我们又将西瓜救治方案（大处方）提升到保健性防控整体技术方案并取得了成功，接受了国家果类农副产品质量监督检验中心的检测，符合农业行业标准NY/T 655—2012的规定。收集整理、总结提炼科技示范户在生产中的成功经验和归纳相关知识后，我们改编了这本小册子，愿该书的出版能为瓜农提供更大的帮助。图7为西瓜一生保健性防控方案指导下的西瓜长势。

图7 实施设施西瓜一生保健性防控方案的西瓜生长景象

一、西瓜生长异常的诊断

（一）田间诊断应考虑的因素及求证步骤

蔬菜病害田间诊断是农业综合技能的体现。科研与推广人员的诊断区别在于前者可以取样返回实验室培养、分离镜检后再下结论。它的准确率高，出具的防治方案针对性强，但时间缓慢，与生产要求的"急诊"不相适应。田间的诊断则不一样，必须在第一时间内初步判断症状的因由，并给出初步的救治方案，然后再根据实验室分析鉴定修正防治方案。因此，判断是否是病、虫、药、肥、寒、热害等症状，应注意如下程序步骤和因素。

1. 观察：观察应从局部到整体，应观察病症植株所处位置，或设施棚室所处的位置以及栽培模式、相邻作物种类、栽培习惯等。看一个棚室或一块田地可能看到一种症状，看到一种现象。观察几个乃至十几个棚室则能发现一种规律。所看到的症状有自然的也有人为造成的。

2. 了解：向种植户了解：①土壤环境状态，包括土壤营养成分、施肥情况、盐渍化程度，如土壤有机肥严重不足，将大量化肥作为底肥、追肥而造成土壤盐渍化，植株生长受到限制，如图8，生长在盐渍化土壤中的西瓜，根系黄化且无须根和根毛，如图9；②菜农的栽培历史，是否连茬连作、连茬年数、上茬作物种类等；③农药使用情况，包括除草剂使用情况、使用农药的剂量、农药存放地点等；④种植的品种，以及品种特征特性，比如耐寒性、耐热性、对药剂和环境的

图8　盐渍化土壤中西瓜茎蔓细弱

图9　盐渍化土壤中西瓜黄化沤根

敏感性等，看其是否适合当地的季节（气候）特点及土壤特点。随着新特蔬菜品种的引进、推广和种植，各品种的抗高温性、耐热性及耐寒性、耐弱光性等不尽相同。一个品种的特征特性决定了所要求的环境条件、栽培方法、密度等。

3.收集：由于有些菜农在预防病害时把三四种农药混于1桶水*中喷施，或将杀菌剂、杀虫剂、植物生长调节剂混用，或有假、劣农药充斥其中，三五天喷一次。蔬菜生存受到威胁、生长受到限制，产生异常症状。因此，诊断时一定收集、排查农民使用过的农药袋子，如图10，以帮助辨真假、看成分、查根源。

4.求证：由于追求高产，人们往往是有机肥不足化肥补。生产中常将未腐熟的鸡粪、牲畜粪直接施到田间，造成有害气体熏蒸危害。施用冲施肥不是均匀撒在垄中而是在入水口随水冲进畦里，如图11，造成烧根黄化以及土壤盐渍化。因此，诊断蔬菜生长异常时，需求证土壤基肥、追肥、冲施肥的使用情况，单位面积用量及氮、磷、钾、微肥的有效含量、生产厂商及施肥习惯等。

5.咨询：经过上述观察、了解、收集、求证后，还要咨询所在区域季节气候，包括温度、湿度、自然灾害的气象记录，这对诊断很有必要。突发性的病症与气候有直接的因果关系，如下雪、大雾、连阴天、多雨、突

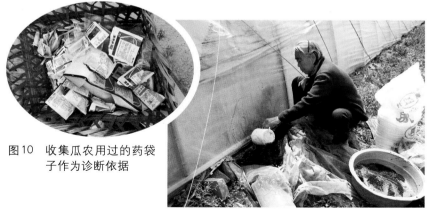

图10　收集瓜农用过的药袋子作为诊断依据

图11　不规范的混冲施肥

---

*　1桶水为1喷雾器（常规）水＝16升水。全书同。——编者注

降霜冻及水淹等。在诊断时应该充分考虑到近期的天气变化和自然灾害因素，如图12。

　　6.排查：在诊断西瓜生长异常时，人为破坏也是应考虑的因素。现实生活中经常会因经济利益或家族矛盾而发生人为破坏的现象，有的喷施激素（植物生长调节剂）甚至除草剂损坏他人的瓜田，如图13。因此，应调查村情民意，排除人为破坏也应为诊断的必要步骤。

　　7.验证：在初步确定为侵染性病害后，应采取病害标本带回实验室或请有条件的单位进行分离、鉴定，确定病原种类，进一步验证田间作出的判断。

图12　突降大雪危及西瓜棚室

图13　百草枯飘移到西瓜秧后造成茎蔓干枯

（二）田间诊断应涉及的范围

在生产中，蔬菜发生一种异常现象不同专业背景的人会有不同的判断或救治方法。有时受学科限制会对异常现象给予单一的解释，实际上一种异常现象可能是多种因素综合作用的结果。自然环境中，在栽培方式、种植管理、防治病虫害用药手段、天气、肥料施用等各种因素综合作用的复杂条件下，诊断蔬菜生长异常应涉及如下内容，可以逐步排除。

首先应判断是病害，还是虫害，或是生理性病害。

（1）由病原生物侵染引起的植物不正常生长和发育所表现的病态，常有发病中心，由点到面……………………………………………病害

①蔬菜遭到病菌侵染，植株感病部位生有霉状物、菌丝体并产生病斑……………………………………………………………真菌病害

②蔬菜感病后组织解体腐烂、溢出菌脓并伴有臭味 …………………………………………………………………………………细菌病害

③蔬菜感病后引起畸形、丛簇、矮化、花叶皱缩等症状并有传染扩散现象……………………………………………………病毒病害

④植株生长衰弱，显示营养不良。叶片、茎秆没有病原物。拔出根系，根部长有根瘤状物……………………………………线虫病害

（2）有害昆虫如蚜虫、棉铃虫等刺吸、啃食、咀嚼蔬菜引起的植株异常生长和伤害现象，无病原物，有虫体可见……………虫害

（3）受不良生长环境限制如天气以及种植习惯、管理不当等因素影响，蔬菜局部或整株或成片发生的异常现象，无虫体、病原物可见……………………………………………………………………生理性病害

①因过量施用农药或误施、飘移、残留等因素造成的蔬菜生长异常、枯死、畸形现象……………………………………………药害

a.因施用含有对蔬菜花、果实有刺激作用成分的杀菌剂造成的落花落果以及过量药剂所导致植株及叶片畸形现象…………杀菌剂药害

b.因过量和多种杀虫剂混配喷施所产生的烧叶、白斑等现象 …………………………………………………………………………杀虫剂药害

c.超量或错误使用除草剂造成土壤残留，下茬受害黄化、抑制生长等现象，以及喷施除草剂飘移造成的近邻植株生长畸形现象…………

　　　　　　　　　　　　　　　　　　　　　　　　　　…………………………………………………………………除草剂药害

　　d. 因气温高，或用药浓度过高、过量或喷施不适当造成植株畸形、果实畸形、裂果、僵化叶等现象……………………植物生长调节剂药害

　　②因偏施化肥，造成土壤盐渍化或缺素，导致植株烧灼、枯萎、黄叶、化瓜等现象………………………………………………………… 肥害

　　a. 施肥不足，脱肥，或过量施入单一肥料造成某些元素被固定，植株长势弱或褪绿、黄化、果实着色不良或畸形等现象………… 缺素症

　　b. 过量施入某种化肥或微肥，或环境污染造成的某种元素过多，植株营养生长过盛、叶色过深或颜色异常、果实生长异常，或植株生长停滞等现象………………………………………………………………元素中毒症

　　③因天气的变化、突发性气候变化造成的危害　…………天气灾害

　　a.冬季持续低温对蔬菜生长造成的低温障碍，植株叶片低垂外翻，或叶片皱缩…………………………………………………………… 寒害

　　b.突然降温、霜冻造成植株茎、果实蜡样透明及叶片变紫褐枯死…………………………………………………………………………冻害

　　c.因持续高温致使植株蒸腾过量，营养运输受阻，生长衰弱，叶片黄化………………………………………………………………………热害

　　d.阴雨放晴后的超高温强光造成枝叶脆裂和白化灼伤……… 灼伤

　　e.暴雨、水灾后植株长时间泡淹造成黄化和萎蔫………………淹害

二、西瓜病害典型与非典型、疑似症状的诊断与救治

许多瓜农告诉我们，在种植中发生的病害症状与一些教科书中的典型症状并不是很相像，待症状典型了，救治已经非常被动了，损失在所难免。他们往往在发病初期的病症甄别上举棋不定，用药时就会把许多药掺和在一起喷，以求多效广防保住苗秧，但常常是事与愿违，花钱多效果差。如果掌握了识别病症的技巧，正确辨别病害种类，就会变被动的盲目防治为主动的有针对性地治疗。这样，既争取了时间，又节省了成本。下面介绍西瓜主要病害的典型、非典型及疑似病症的诊断与救治方法。

注解：典型、非典型症状均为同一病害症状，但表现有差异，疑似症状为症状相像但不是此病的症状。

猝 倒 病

【典型症状】猝倒病主要发生在西瓜苗期。幼苗感病后在近土表茎基部呈水渍状软腐并倒伏，如图14，即猝倒。幼苗初感病时秧苗根部呈暗绿色，感病部位逐渐缢缩，如图15，病苗呈阴湿状折倒坏死，如图16。染病后期茎基部变成黄褐色干枯，呈线状，如图17。

图14 近土表茎基部呈水渍状 图15 幼苗感病时秧苗根部水渍状逐渐缢缩
软腐并倒伏

图16　病苗呈阴湿状折倒坏死　　图17　染病后期茎基部变成褐色干枯线状

【非典型症状】病变部位发生在嫁接砧木接口上部，呈水渍状褐变，病苗纵裂不折倒，如图18，常因茎蔓纵裂误诊为蔓枯病。查其叶片呈大块阴湿状溃烂，如图19，北方冬季及早春育苗温差大，苗期浇水过量，叶片病变之处有稀疏菌丝，应该是猝倒病。

图18　嫁接部水渍状褐变，苗纵裂不　　图19　叶片呈大块阴湿状溃烂
　　　　折倒

【疑似症状】

（1）病苗萎蔫倒伏，疑似猝倒病。茎秆没有折倒，如图20，病苗茎基部初期呈暗绿色缢缩症状，有水渍状病斑，为疑似猝倒病的西瓜立枯病瓜苗。拔除病苗可以发现，秧苗根局部有凹陷黄褐色病斑，不折倒，应该考虑是立枯病所致。

（2）病苗干枯死亡，如图21，残存没有干枯的秧苗表现严重的褪绿性黄化。整个秧苗均表现烧灼性黄化褪绿，若施用过尿素，应该是氮肥施用过剩造成的烧灼性黄化干枯现象。

图20　疑似猝倒病的西瓜立枯病秧苗

图21　疑似猝倒病的氮肥过量造成的植株枯死

【发病原因】病菌主要以卵孢子在土壤表层越冬。条件适宜时产生孢子囊释放出游动孢子侵染幼苗。通过雨水、浇水和病土传播，带菌肥料也可传病。低温高湿条件下容易发病，土温10～13℃，气温15～16℃病害易流行发生。播种、移栽或苗期浇大水，又遇连阴天低温环境发病重。

【救治方法】

选用抗病品种：冠龙系列、莎密佳、欣喜系列等较抗猝倒病。

生态防治：清园，切断越冬病残体传播途径。用异地大田土和腐熟的有机肥配制育苗营养土，最好使用一次性灭菌营养基质。严格控制化肥用量，避免烧苗。合理分苗，合理密植，控制湿度、浇水是关键，降低棚室湿度。苗床土注意消毒及药剂处理。

药剂处理土壤：取大田土与腐熟的有机肥按6∶4混匀，并按每立方米苗床土加入100克68%精甲霜灵·锰锌水分散粒剂和2.5%咯菌腈100毫升，拌土一起过筛混匀，或用10亿个芽孢/克枯草芽孢杆菌可湿性粉剂500克混入上述营养土中。在种子包衣播种覆土后68%精甲霜灵·锰锌水分散粒剂500倍液或6.25%咯菌腈·精甲霜灵悬浮剂20毫升对水15升进行土壤封闭，可以有效杀死土壤表面残存的病菌。

种子包衣：可选6.25%咯菌腈·精甲霜灵悬浮剂10毫升对水150～200毫升包衣3千克种子，如图22，可有效预防猝倒病和立枯病、炭疽病等苗期病害。

　　药剂淋灌：可选择10亿个芽孢/克枯草芽孢杆菌可湿性粉剂100倍液、68%精甲霜灵·锰锌水分散粒剂500～600倍液+22.5%啶氧菌酯悬浮剂1 200倍液（折合每100克药对3～4桶水）、72%霜脲·锰锌可湿性粉剂800倍液+22.5%啶氧菌酯悬浮剂1 200倍液、62.75%氟吡菌胺·霜霉威水剂1 000倍液、44%精甲霜灵·百菌清悬浮剂400倍液、72.2%霜霉威水剂800倍液等对秧苗进行淋灌或喷淋，如图23。

图22　种子包衣　　　　　图23　药剂对秧苗进行喷淋或淋灌模式

炭　疽　病

　　【典型症状】西瓜炭疽病在我国南、北方均是生产中的重要病害。尤其是收获和运输储藏期间，感染病菌的西瓜病斑凹陷溃烂，对西瓜产量和效益造成非常大的影响。西瓜整个生育期均可染病，苗期子叶也可感病，如图24。该病主要侵染叶片、幼瓜、秧蔓，病斑为圆形，初呈浅灰色，如图25，叶背呈阴湿状。病斑由灰白色扩大后变为黄褐色，如图26；后期病斑逐渐凹陷，有轮纹，如图27；重症炭疽病叶片病斑上会生出黑点组成的轮纹，即病菌孢子，如图28。西瓜营养生长时期高湿条件下病斑呈圆形、疱状凹陷，褪绿，如图29，病斑后期暗褐色，伴有穿孔，如图30。

图24　瓜苗子叶染病呈黑褐色圆形病斑

茎蔓感病呈现黑褐色凹陷病斑，如图31。病果初为褪绿水渍状凹陷斑点，有裂纹，如图32；而后变成褐色，斑点中间淡灰色，呈近圆形轮纹斑。重症后期病果感病处黑褐色干枯，如图33。

图25　苗期染病叶片呈浅灰色病斑

图26　病斑由灰白色扩大后变为黄褐色

图27　病斑逐渐凹陷且有轮纹

图28　病斑上生出黑点组成的轮纹即病菌孢子

高湿环境下病叶呈疱状褐色病斑

图30　病斑后期暗褐色伴有穿孔

图31 茎蔓感病呈现褐黑色凹陷病斑

图32 病瓜呈褪绿水渍状凹陷斑点
且有裂纹

图33 重症病瓜后期黑褐色干枯

【非典型症状】

（1）叶片感病，呈现不规则小型病斑，虽不受叶脉限制，但没有炭疽病病斑典型的症状，如图34。细心观察发现，病斑有凹陷，有晕圈，轮纹不明显。病斑中心呈浅灰色炭疽病症状，应该是非典型的炭疽病症状，按照炭疽病防治。

（2）叶片呈现不规则、大块、有轮纹的病斑，如图35。与炭疽病病斑相同，只是病斑呈现大块、不规则，这与保护地栽培湿度大、病害发生扩展快并干枯有关。应该是炭疽病，按照炭疽病防治。

图34 非典型不规则小型炭疽病病斑　图35 雨季高湿环境下非典型炭疽病病斑

【疑似症状】

（1）病斑为浅黑色，叶片上有水渍状圆斑，只是比炭疽病病斑颜色略深，感染面积稍大，颜色一直呈浅黑褪绿色，如图36。感病初期极易与炭疽病混淆，后期病斑呈现的颜色有所区别，应该是叶枯病。叶枯病病斑黑褐色，炭疽病病斑黄褐色，颜色略浅。发生季节也有所区别，炭疽病发病期温度高一些，多在雨季和生长后期发病。叶枯病发病期温度稍低，设施栽培中的高湿低温环境和陆地多雨、阴天时易发病（具体见叶枯病）。

（2）病斑圆点白色，如图37，虽然病斑有大块或部分为圆形，但是病斑颜色不同于炭疽病的褐色，应是药害烧灼所致。

图36 疑似炭疽病的叶枯病叶片　图37 疑似炭疽病的药剂灼伤白斑

（3）叶片呈不规则黑色病斑，如图38，但没有晕圈和轮纹，也没有感染病斑发展过程。叶背无阴湿感染状，只是在叶正面有黑化斑渍。考虑是农药药害所致。

（4）果皮呈黑褐色圆形凹陷，无阴湿，无病菌孢子，如图39，观察叶片茎蔓也没有连锁病斑，查其天气过程有过短期冰雹，应该是冰雹砸伤所致。

图38　疑似炭疽病的大块失水萎蔫干枯药害叶片　　图39　疑似炭疽病的冰雹砸伤凹斑

【发病原因】病菌以菌丝体或拟菌核随病残体或在种子上越冬，借雨水传播。发病适宜温度27℃，湿度越大发病越重。棚室温度高，多雨或浇大水，排水不良，种植密度大，不透气的设施环境，氮肥过量的生长环境病害发生重、易流行。植株生长衰弱发病严重。一般春季保护地种植后期发病概率高、流行速度快，管理粗放也是病害流行损失的重要原因，应引起高度重视，提早预防。

【救治方法】

选用抗病品种：使用抗病品种是既抗病又节约生产成本的救治办法，应选用当地适用的抗病品种。如8424、欣喜1号及华欣、双星、蜜意系列等。

生态防治：①重病地块轮作倒茬。可以与茄科或豆科蔬菜进行2～3年的轮作。②加强棚室管理，通风放湿气。设施栽培或多雨地区建议采取高垄地膜覆盖栽培，如图40，或使用滴灌设备降低湿度减少发病机会，如图41。采收欲储存或远程运输的西瓜，建议采摘前用25%嘧菌酯悬浮剂1 500倍液或47%烯酰·唑嘧菌悬浮剂1 000倍液喷施。

图40　西瓜高垄栽培模式

图41　采用滴灌方式

　　种子处理：①种子包衣。选用62.5%精甲霜灵·咯菌腈悬浮种衣剂10毫升对水150～200毫升，可包衣3～4千克种子，进行种子灭菌消毒。②浸种。55～60℃恒温浸种15分钟，或75%百菌清可湿性粉剂500倍液浸种30分钟后冲洗干净催芽。

　　苗床土消毒：减少侵染源，参照第七部分苗床土消毒配方进行。

　　药剂防治：建议采用西瓜一生系统化防控大处方。

　　（1）三灌二喷法。见第六部分。

　　（2）喷雾施药法。用80%丙森锌可分散粒剂500倍液、25%嘧菌酯悬浮剂1 500倍液预防会有非常好的效果。也可选用22.5%啶氧菌酯悬浮剂 1 200 倍液、32.5%吡唑奈菌胺·嘧菌酯悬浮剂 1 000 倍液或 1 500 倍液、75%百菌清可湿性粉剂 600 倍液、56%百菌清·嘧菌酯悬浮剂 800 倍液、10%苯醚甲环唑水分散粒剂 1 500 倍液、80%代森锰锌可湿性粉剂 600 倍液、42.8%氟吡菌酰胺·肟菌酯悬浮剂 1 000 倍液。

疫　病

【典型症状】西瓜茎蔓、果实、叶片都能感染疫病。设施棚室栽培或陆地种植遇天气潮湿多雨时叶片易染病，子叶染病多与湿度有关，多以近圆形或椭圆形暗绿色水渍状病斑开始，如图42，进而呈褐色坏死斑，如图43。叶片病斑从叶边缘开始，初期有跨叶脉不定形水渍状暗绿色或黄绿色病斑，如图44，叶背病斑呈现阴湿状半透明圆形斑块，如图45；后期呈暗褐色大块病斑，如图46。茎基部和秧蔓容易感病，茎蔓呈水渍状暗绿色缢缩，如图47；高湿环境下茎蔓腐烂，枝蔓病部长出浓密的菌丝体，如图48；干燥时呈褐色干腐，茎基部感病形成水渍状暗绿色缢缩，致使瓜秧线状枯死，如图49。幼瓜感病大多从果蒂开始，感病后期病瓜感染部位表面会长出少量稀疏白色霉层，如图50。遇到疫病大发生流行时，会遭到毁灭性绝收，如图51。

图42　子叶染病近圆形或椭圆形病斑

图43　苗期重症感染疫病枯死的嫁接穗芽

图44　初期染病水渍状不规则黄绿病斑长出稀疏菌丝体

图45　呈现阴湿状半透明的圆形斑块

图46　后期呈暗褐色大块病斑

图48　茎蔓腐烂伴有纵裂，枝蔓病部长出浓密菌丝体

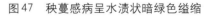

图47　秧蔓感病呈水渍状暗绿色缢缩

图49　干燥时感病茎蔓水渍状暗绿色缢缩致使瓜秧线状枯死

图50　幼瓜病部长出白色霉层

图51 疫病大流行造成绝收

【非典型症状】叶片虽然有大块阴湿状褐变病斑，但没有大面积的
干枯褐变，植株因茎基部感病
呈现萎蔫状，如图52，易造成
在枯萎病和疫病诊断上犹豫不
定或诊断错误。拔出秧蔓查看
基部，可以看见茎蔓变黑，植
株因茎蔓病变逐渐呈萎蔫状，
如图53。叶片少量病斑颜色为
阴湿状浅褐色，前期叶片水渍
状是判断疫病的依据，水渍状
的产生与种植环境湿度过大、
雨季积水和温度较低有关。

图52 不典型疫病大块阴湿状褐变病斑

图53 不典型疫病防控后病蔓干枯

【疑似症状】

（1）叶片病斑从叶缘开始向纵深呈V形，病斑深褐色，如图54。虽然与疫病病斑叶缘初期症状相像，但其病斑颜色深褐色，较疫病暗绿色的特点不同，并没有疫病特有的阴湿状，如果检验一下茎蔓有纵裂染病且茎蔓病变呈褐色而不是干枯，如图55，应该考虑是蔓枯病。

图54　疑似疫病的蔓枯病叶片

图55　疑似疫病的蔓枯病植株

（2）叶片病斑沿叶缘向纵深褐变，如图56，略呈水渍状，圆斑扩展成片后沿叶缘干枯。病斑颜色较深，没有疫病病斑阴湿状的发展过程。观察病斑周围叶片黑褐色干枯坏死，应判断为叶枯病。

图56　疑似疫病的叶枯病叶片

【发病原因】病菌主要以卵孢子、厚垣孢子在病残体或土壤中越冬。由于北方设施棚室保温条件的增强，西瓜早春棚室栽培，病菌可以周年侵染，借助雨水、灌溉水传播。发病适宜温度25～30℃，相对湿度高于85%时极易发病。保护地内空气湿度过大、浇水过量，叶面有水珠或露水是病菌萌发游动侵入的有利条件。定植过密，通风透光差，排水不良，积水地块发病重，病害流行快。

【救治方法】

选用抗病品种：选用适合当地的抗疫病品种，如8424、欣喜1号、双星、西农8号等。

生态防治：清洁田园，切断越冬病菌传染源，合理密植、高垄栽培、注意排水，控制湿度是关键。设施栽培的西瓜应采用膜下渗浇或滴灌，节水保温，以利降低棚室湿度。清晨尽可能早放风，即放湿气，尽快进行湿度置换，增加通风透光性。氮、磷、钾均衡施用，育苗时应消毒苗床土或用药剂处理（参照第七部分苗床土消毒配方进行）。

药剂救治：疫病是流行性病害。病害有潜伏期，生产中发现中心株时实际已经有成片或大面积的植株在感病潜伏期了，这个时候再用药预防时机已晚。我们提倡采取作物整体性、保健性病虫害防控方案（即大处方），即从种子和土壤健康入手，保障作物一生健康生长，不受病虫害干扰，做到"零"病情指数，不能等到病菌侵染了再着急喷药和防护。提倡早期按规律进行健康防病保护，让病菌没有或最大限度的减少侵染机会，把握生长技术节点，关键时期做好重点防护的绿色防控。

（1）三灌二喷法。见第六部分。

（2）喷雾施药法。定植成活10天后用25%嘧菌酯悬浮剂根施用药，每亩*灌根60毫升，也可以采用喷雾器淋灌，10毫升对水1桶。随水滴灌用量是100毫升/亩，或22.5%啶氧菌酯悬浮剂100毫升/亩，让西瓜植株有一个基本健康生长的防病基础，然后进行喷药防控。发病前使用保护剂，可用75%百菌清可湿性粉剂600倍液（100克药对4桶水）、80%丙森锌可分散粒剂800倍液、56%百菌清·嘧菌酯悬浮剂1 000倍液喷施。预防性喷施可用25%嘧菌酯悬浮剂1 500倍液、22.5%啶氧菌酯悬浮剂1 200倍液、25%双炔酰菌胺悬浮剂1 200倍液、47%烯酰·唑嘧菌悬浮剂1 000倍液、44%精甲霜灵·百菌清悬浮剂500倍液。发病初期，选用25%嘧菌酯悬浮剂1 500倍液＋68%精甲霜灵·锰锌700倍液混施，或25%嘧菌酯悬浮剂2 000倍液+25%双炔酰菌胺悬浮剂1 200倍液混用，根灌或喷施。发病后期，要选用治疗剂，如10%氟噻唑吡乙酮可分散油悬浮剂1 200倍液、68%精甲霜灵·锰锌水分散粒剂600倍液、62.75%氟吡菌胺·霜霉威水剂1 000倍液、72.2%霜霉威水剂1 000倍液等。不管用哪一种药防治，均要喷药周到，使药液全部覆盖才可取得良好的效果。

---

* 亩为非法定计量单位，15亩=1公顷。全书同。——编者注

枯 萎 病

【典型症状】枯萎病是西瓜生产中重要的土传病害，保护地和露地均可发生。由于该病是土传病害，连作重茬地块发病非常普遍，全生育期均可发病。北方棚室栽培的西瓜一般在开花初期和结瓜初期就开始陆续发病。发病先表现为心叶黄化，似营养缺乏症，如图57，继而下部叶片开始萎蔫。有的先从侧叶开始黄化和萎蔫，即半边疯，如图58，初期叶片簇状卷曲，如图59。成株期或结瓜初期感病从下部叶片逐渐向上萎蔫，如图60。因是秧蔓的输导组织维管束病变，如图61，致使病株较一般植株矮化，中期因营养、水分供应不足，植株感病部位逐渐黄化，呈现营养不良现象。后期会因水分和营养供应不足，中午蒸腾量过大，植株呈失水萎蔫状，如图62，这样反复数日逐步遍及全株，致使整株萎蔫枯死，如图63。

图57　开花期感染枯萎病心叶黄化

图58　从侧蔓先发病的半边疯枝蔓

图59　架式西瓜染病植株矮化，叶片卷曲

图60　成株期叶片由下向上逐渐萎蔫

图61 秧蔓导管维管束病变剖视

图62 后期整株失水萎蔫

图63 田间流行致整株枯死

【疑似症状】

（1）西瓜营养钵育苗时整株黄化，如图64，严重的整株萎蔫枯死，拔除病株根系褐色，没有新根，整体秧苗均表现黄化，并不像枯萎病发病有中心株。查问育苗人近期有喷尿素，考虑用量和症状表现应该是苗期肥害烧灼所致。

（2）植株定植后表现为叶片黄化，但心叶并没有黄化，如图65，拔出植株观察没有维管束变褐现象。应该是移栽时，因为局部肥料撒播不均匀造成的秧苗烧

图64 疑似枯萎病的过量施用尿素烧灼性黄化苗

根现象。随着土壤肥力的有效分解，此症会得到控制并长出健康新叶。若为枯萎病则可能新叶长出慢和逐渐衰弱后萎蔫枯死。

（3）保护地西瓜一般在结果中后期会出现植株不同程度的整体黄化脱水萎蔫现象，如图66。考虑连年种植西瓜有机肥不足，化肥使用过量，使土壤盐渍化，判断是土壤盐渍化造成的根压过小、根系吸肥水不足造成的生理性萎蔫现象，应与枯萎病严格区别，及时改良土壤，活化土壤有机肥的有效吸收是关键。

（4）嫁接后植株生长速度缓慢，如图67，叶片萎蔫，如图68，或嫩叶黄化、叶缘上卷，如图69。查看茎蔓维管束没有病变，查看嫁接接口愈合不好，或嫁接切口半接触，或接口瘀结成结节，导管没有完全接通，营养供应不充分，判断是因嫁接不良造成的萎蔫，如图70。

图65　疑似枯萎病的施用不腐熟肥料造成的烧根及叶片黄化

图66　疑似枯萎病的土壤盐渍化吸水障碍造成的脱水性萎蔫

图67　疑似枯萎病的嫁接不良造成的植株叶片上卷

图68　疑似枯萎病的嫁接不良造成的植株萎蔫

图69　嫁接接口切面吻合不良造成的　图70　嫁接接口结节导管疏通不畅的
　　　植株生长缓慢和皱缩　　　　　　　嫁接苗

【发病原因】枯萎病是为害植株维管束的土传病害，西瓜从苗期到生长发育期均可染病。病菌以菌丝体、厚垣孢子或菌核在土壤、未腐熟的有机肥中越冬，可在土壤中存活5～10年。从伤口、根系的根毛细胞间侵入，进入维管束并在维管束中发育繁殖，堵塞导管致使植株迅速萎蔫，逐渐枯死。土壤发病适宜温度为22～32℃。重茬、连作、土壤干燥、土壤黏重发病严重。品种间抗病性有一定差异。

【救治方法】

选用抗病品种：可供选用的品种有先达、小富、西农号、齐优等系列。

加强田间管理：适当增施生物菌肥、有机肥和磷、钾肥。降低湿度，增强通风透光，收获后及时清除病残体，并进行土壤消毒、高温闷棚杀菌。

种子包衣消毒：选用6.25%精甲霜灵·咯菌腈悬浮种衣剂10毫升对水150～200毫升，可包衣3～4千克种子。

土壤消毒：采用营养钵育苗，营养土消毒，建议采用一次性无菌营养基质。

高温闷棚杀菌：技术测试结果表明，闷棚处理5～20厘米的耕作层最高温度可达45～60℃，而不闷棚的最高温度仅达30～40℃，随着温度升高及时间的持续延长，土壤病菌的微菌核萌发率均呈下降趋势。高温结合加水处理线虫杀死率效果也很明显。试验示范充分证明了棚室生产中，利用日光能土壤高温消毒（高温闷棚）法防治西瓜枯萎病、黄萎病、线虫病无疑是最经济有效且符合绿色蔬菜生产要求的方法之一。其中秸秆＋粪＋尿素＋速腐剂＋85%土壤水量闷棚法效果最突出。操作程序如下：

（1）对连年种植的重茬地块，利用夏季休闲期，选择连续高温天气，将腐熟的6 ～ 7米³农家肥混入尿素（最好是碳铵）10千克，每亩加入2 500千克粉碎后的秸秆均匀撒施于棚室种植层表面，如图71。

（2）撒施促进秸秆腐熟和软化的腐菌酵素，每亩2 ～ 4千克，如图72。

（3）深翻旋耕，土壤深翻40 ～ 50厘米，如图73。

（4）浇水，大水浇透，不要有明水，地面呈现湿乎乎的感觉为合适，如图74（土壤含水量从视觉上看不到积水为适宜）。

图71　粉碎后的秸秆均匀撒施于棚室种植层表面

图72　撒施促进秸秆腐熟和软化的腐菌酵素

图73　深翻旋耕，土壤深翻40 ～ 50厘米

图74 大水浇透，不要有明水

（5）覆盖地膜闷棚，如图75。一般7～8月闷棚20～30天（也可15天后深翻，再次大水漫灌闷棚持续15天，这样可有效降低线虫病为害。处理后的土壤栽培前应注意增施磷、钾肥和生物菌肥，一般每亩增施生物有机肥50千克左右）。插上地温表测试不同耕作层的土壤温度，如图76。一般测试耕作层10厘米和20厘米土壤温度。

图75 覆盖地膜闷棚

图76 测试10～20厘米耕作层土壤温度

封闭闷棚结束后，揭去地膜，耙晒土壤，1周后即可播种。

嫁接防病：采用瓠瓜、葫芦或黄籽南瓜与西瓜嫁接进行换根处理是当前最有效防治因重茬造成的枯萎病的方法。西瓜嫁接方法有插接法、劈接法、靠接法和贴接法等。靠接法在嫁接后一定时间内接穗仍保持自己的根，因此嫁接苗适应性强，成活率较高，但费工费时；劈接法的接穗和砧木接触面大，便于操作，嫁接苗易于管理、成活率高，生产上使用较多；插接法技术简单，容易掌握，生产效率高，无论是农户个人还是育苗场都广为采用，缺点是有假接的可能；贴接法是近几年从韩国引进的一种嫁接方法，技术成熟，操作方便，成活率高，已经逐渐被广大农户和育苗场接受。

需要注意的问题：插接法适宜的嫁接时期是在砧木第一片真叶展平，第二片真叶刚露心，茎粗2.5～3毫米，苗龄1～2周，接穗子叶展平，刚刚变绿，茎粗1.5～2毫米，苗龄3～5天时进行。插接法是砧木先于接穗播种5～8天；靠接法是接穗先于砧木7～8天播种。

（1）插接法步骤。嫁接前一天将砧木和接穗淋透水，同时叶面喷施75%百菌清可湿性粉剂600倍液。最好选择在晴天，在散射光或者遮阴条件下进行。嫁接必备工具如图77。从砧木真叶一侧剔除真叶和生长点，用右手或左手的中指和无名指夹住插接所用的铁钎子，如图78，或用竹签紧贴砧木任一子叶基部内侧向另一子叶基部的下方斜刺一孔，注意不可刺破表皮，深度0.6～0.8厘米，平面朝下，斜下方扎下一斜孔后拔出。取一接穗，在子叶下部1.5厘米处用刀片45°斜切一刀锲形面，如图79，长度大致与砧木刺孔的深度相同，然后从砧木上拔出竹签，迅速将接穗插入砧木的刺孔中，对接口斜切面对斜切面吻合，嫁接后双方

图77 嫁接必备工具

图78 砧木斜下方扎孔

子叶"十"字形，如图80。嫁接后10天，使用56%嘧菌酯·百菌清悬浮剂1 200倍液喷雾一次。

图79 斜切接穗

图80 插接好的嫁接苗

（2）靠接法步骤。选择嫁接砧木黄籽南瓜，如图81，待其长到一叶一心时，摘去生长点，如图82，选取西瓜接穗，如图83，将接穗靠接砧木切面处，如图84，用嫁接夹固定，如图85，后移动至保温保湿棚里，如图86。

（3）嫁接苗的管理。嫁接后将嫁接好的苗盘或营养钵放入畦内，摆放整齐，用竹片在畦内搭建一个拱棚，上覆塑料膜和遮阳网密闭保湿，如图87，以保证小拱棚内空气湿度不低于95%，3～5天内不放风，温度保持白天25～28℃，夜间20℃。嫁接后4～7天后逐渐揭开小拱棚两侧塑料薄膜通风，开始通风要小，逐渐加大，温度控制在20～28℃，

图81 嫁接砧木南瓜

图82 砧木去心（生长点）

晚上不能低于18℃。嫁接后1～3天内，晴天可全天遮光，以后逐渐增加早晚见光时间（早晚散射光），缩短中午遮光时间；第4～6天早晚正常光照，中午散射光，如图88，以后逐渐增加光照；第9天后可完全见光。温度控制在白天22～30℃，晚上16～20℃，14天后西瓜长出真叶，白天正常管理，晚上温度不能低于16℃，直至定植，如图89。

图83　嫁接用西瓜苗接穗

图84　靠接法嫁接

图85　嫁接夹固定

图86　成活的靠接苗

图87　小拱棚密闭保湿

图88　调光遮光散照方式

图89　嫁接成活后的壮苗

　　嫁接苗管理需要注意的问题：嫁接好比做手术，嫁接仅仅是第一步，是否成活关键在嫁接后前三天的温度、湿度和光照管理，这是伤口吻合、嫁接成活的关键时期。如果早春或深冬时节进行育苗和嫁接，必须保证棚室内的温湿度。晚上如果达不到18℃，必须要采取加温措施。嫁接苗如果持续在低温环境下生存，伤口愈合困难、病害发生概率增加、成活率降低。

　　定植时沟施生物菌药处理：每亩用10亿个芽孢/克枯草芽孢杆菌可湿性粉剂（枯黄萎菌株系NCD-2）2～4千克拌药土，对每株穴施后定植，有较好的预防效果。

　　西瓜枯萎病最佳防治时期有两个：一个是定植前，每亩沟施枯草芽孢杆菌2千克，另一个是初瓜期，每亩淋根或冲施枯草芽孢杆菌2～3千克。尤其是重茬死秧严重的地块，活化土壤、刺激根系活性、增施有机肥是解决土传病害的根本措施。

　　药剂防治：

　　（1）三灌二喷法。见第六部分。

　　（2）灌根施药法。每亩可选用10亿个芽孢/克枯草芽孢杆菌可湿性粉剂1千克定植前撒药土或500倍液淋根，或80%多菌灵可湿性粉剂600倍液、75%百菌清可湿性粉剂800倍液、2.5%咯菌腈悬浮剂1000倍液、70%甲基硫菌灵可湿性粉剂500倍液，每株250毫升，分别在生长发育期、开花结果初期、盛瓜期连续灌根，早防早治效果明显。如果结果期发病了，只能灌根施药进行被动性施药缓解。每亩采用10亿个芽孢/克枯草芽孢杆菌可湿性粉剂400倍液灌根，或滴灌施药3～4千克。

白　粉　病

【典型症状】白粉病是在较干旱地区种植西瓜常发生的病害。西瓜全生育期均可以感病，主要感染叶片。发病初期主要在叶背面长有稀疏白色霉层。叶面病斑逐渐褪绿黄化，如图90，叶面会有一层逐渐变厚浓密的白色霉层，形成圆斑，如图91。发病重时感染叶柄、枝蔓。

图90　初染病叶片病斑褪绿黄化，长出稀疏白色霉层

图91　逐渐变厚浓密的白色霉层形成圆斑

【疑似症状】果实表面长有白色浓密霉状物，因其霉菌颜色较浅，如图92，故对其诊断在白粉病和菌核病、绵疫病之间举棋不定。诊断时注意白粉病只侵染叶片，而菌核病、绵疫病会侵染果实造成溃烂，同时观察果实霉状物稀疏程度，结合气候、温差以及种植季节，看果实的软化程度，如图93，如绵疫病病瓜比白粉病病瓜腐烂软化得要快。

图92　疑似白粉病的西瓜绵疫病病瓜

生产中也有些叶片表面因喷施大量农药粉剂或沙尘覆盖叶面而使叶片附有一层药粉，与白粉病混淆，如图94。查看田间整体植株，叶片并没有白色霉状物，粉层冲洗后叶片光

亮，没有病斑痕迹。应是大剂量药剂喷施或风吹沙尘沉淀于叶片表面所致。

图93　疑似白粉病的西瓜菌核病病瓜

图94　疑似白粉病的沙尘覆盖

　　【发病原因】病菌以闭囊壳随病残体在土壤中越冬。越冬栽培的棚室病菌可在棚室内作物上越冬。南方露地栽培的以菌丝、分生孢子在寄主上越冬、越夏。借气流、雨水和浇水传播。在温暖、潮湿与干燥无常的粗放种植环境下，及阴雨天气、密植、窝风条件下易发病和流行。大水漫灌，湿度大，肥力不足，植株生长后期衰弱发病严重。

【救治方法】

选用早熟品种：如8424、京欣1号、先达系列、早佳、金城系列、红优、齐优等。

生态防治：适当增施生物菌肥和磷、钾肥，加强田间管理，降低湿度，增强通风透光。设施栽培建议地膜覆盖或滴灌降低湿度减少发病机会。晴天进行农事操作，避免阴天整枝、采收等易人为传染病害的机会。收获后及时清除病残体，并进行土壤消毒。棚室应及时进行硫黄熏蒸灭菌和地表药剂处理。重病地块轮作倒茬。可以与茄科或豆科蔬菜进行2～3年的轮作。

种子包衣防病：选用6.25%精甲霜灵·咯菌腈悬浮种衣剂10毫升，对水150～200毫升，包衣3千克种子。

种子消毒：55～60℃恒温浸种15分钟，或75%百菌清可湿性粉剂500倍液浸种30分钟后冲洗干净催芽。

苗床土消毒：参照疫病苗床土消毒配方进行。

药剂防治：建议采用西瓜一生系统化防控大处方。尤其是早期根施广谱性杀菌剂25%嘧菌酯悬浮剂1 500倍液，对整个生育期的白粉病防控会非常主动。建议定植后就采用大处方，主动早期防控。

（1）三灌二喷法。见第六部分。

（2）喷雾施药法。可选用32.5%吡唑奈菌胺·嘧菌酯悬浮剂1 000倍液或1 500倍液、56%百菌清·嘧菌酯悬浮剂800倍液、42.4%氟吡菌酰胺·肟菌脂悬浮剂1 500倍液、42.2%氟唑菌酰胺·吡唑醚菌酯悬浮剂2 000倍液、22.5%啶氧菌酯悬浮剂1 200倍液+10%苯醚甲环唑水分散粒剂800倍液、25%嘧菌酯悬浮剂1 500倍液。中后期重度染病可喷施30%嘧菌酯·丙环唑悬浮剂3 000倍液、30%苯醚甲环唑·丙环唑乳油3 000倍液等。

病　毒　病

病毒病是西瓜生产中的重要病害。病毒病发生普遍，设施栽培和露地种植均可发生。近些年来病毒病有加重发生的趋势，严重的地块已经影响产量七成以上甚至绝收。

【典型症状】西瓜病毒病有两大类型：一种为花叶型，幼嫩枝叶染病呈现系统性绿色不均匀浓淡相间的花斑，如图95。叶片逐渐皱缩，节间缩短，坐瓜困难，如图96。重症植株呈蕨叶状，叶片扭曲皱缩，主蔓变粗，如图97，易形成畸形瓜（我们常说的疙瘩瓜），如图98。另一种为绿斑驳花叶型，从苗期感病开始，侵染叶片，其花叶颜色较深绿，斑驳灰白，如图99。遇高温后感病叶片叶脉明显褪色黄化，呈现不规则浅褐色枯斑，如图100，或绿色斑驳花叶，如图101。伸蔓期病症有所缓解或消失，但瓜期植株生长缓慢，严重矮化，如图102。感病幼瓜果面凹凸不平，畸形，如图103，黄皮西瓜染病后幼瓜呈花皮状，如图104。剖开成熟瓜内呈阴湿油渍状病变并腐败发臭，如图105，不能食用。有些感病植株的症状复合发生，一株多症的现象很普遍，如图106。

图95 叶色深浅不一，呈花叶症

图96 叶片皱缩，节间缩短

图97 植株矮化扭曲，主蔓变粗

图98 幼瓜表面凹凸不平的疙瘩瓜

图99 呈绿斑驳花叶型的叶片

图100 遇高温条件，感病叶片叶脉褪色，呈不规则浅褐色枯斑花叶

图101 枝蔓呈现的斑驳花叶症

图102 感病植株结瓜期生长缓慢，隐症

图103 感病幼瓜畸形

图104 黄皮西瓜呈花皮状

图105 剖开病瓜呈阴湿油渍状并发臭

图106 重症病毒病发病田

【非典型症状】

（1）感病叶颜色暗绿，花叶斑驳呈暗绿与灰白相间，如图107，似白粉病病斑。观察病叶发展，排除真菌霉状物的因素外，瓜蔓生长后期逐渐显现浅色斑驳花叶和绿斑驳花叶病毒病特有的浅褐色大块病斑花叶，叶脉褪色，如图108。应判断为病毒病。

（2）叶片病斑浅黄色发白，似高温烤叶发生的热害，如图109。在揭开棚膜降低温度后，植株仍没有恢复正常生长状态，而是呈现浅褐色的斑驳花叶症状，如图110。此症是保护地栽培中极度高温条件下的烤叶型斑驳花叶症。

图107 灰白花斑状的绿斑驳花叶病毒病叶片

图108 浅色褪绿斑驳花叶状叶片

图109 西瓜叶片似烤叶热害的浅褐色绿斑驳花叶

图110 不可恢复的褐色绿斑驳花叶病毒病植株

【疑似症状】在实际生产中我们会遇到非常多的类似病毒病的药害症状与病毒病症状混淆，也是瓜农经常误诊并乱用农药造成损失的一大误区。

（1）不腐熟肥料造成的烧根性植株黄化症，如图111，常误诊为病毒病。在区别此类病症时首先应查看上部叶片与下部叶片是否一致，整个植株长势是否与周围植株相同和连片发生，有没有矮化现象。植株感染病毒病初期是零星单棵发病，一般不会成片。黄化症发生接近植株中下位置，而病毒病大多是整株叶片显示斑驳花叶。

图111　疑似病毒病的不腐熟肥料造成的烧根黄化植株

（2）叶肉呈失绿砂状花叶症，如图112。在干旱高温种植区域，持续干旱会诱发红蜘蛛为害，查看叶片背面可以看到微小的红蜘蛛。可判断是红蜘蛛为害所致，应及时防治红蜘蛛才会有良好的效果。

（3）叶片不畸形，生长正常，但沿叶缘环绕长有黄绿色晕带，疑似病毒病，如图113。病斑没有水渍状，也没有霉状物。调查后得知西瓜曾使用冲施肥，有过强酸、强碱性肥料使用史，应是在夏季高温时节使用冲施肥不当所造成，判断是肥料烧灼造成的叶片异常现象。

（4）植株矮小，生长点叶片黄化，缩尖，似病毒病，如图114。从全田看，病株生长势明显不如周围植株好。因是嫁接西瓜，应查看接口，发现接口有明显瘀结，营养水分不通畅，有的仅仅切面接触一半，如图115，致使西瓜营养不良，生长缓慢。

图112　疑似病毒病的红蜘蛛为害的西瓜叶片

图113　疑似病毒病的劣质冲施肥造成的西瓜烧灼叶片

图114　嫁接不良瘀结的西瓜秧苗　　图115　嫁接切面外露半成活的西瓜苗

【发病原因】病毒是不能在病残体上越冬的。只能靠冬季尚在生存或种植的西瓜、多年生杂草、西瓜种株作寄主存活越冬，来年靠虫传、接触及伤口传播，通过整枝打杈等农事活动传播。蚜虫是西瓜病毒病的主要传播媒介。高温干旱适合病毒发生增殖，有利于蚜虫繁殖和传毒。管理粗放，田间杂草丛生的地块发病重。绿斑驳花叶病毒引起的西瓜病毒病，多与嫁接用的砧木如黑籽南瓜种子传毒有关。病毒以种子和土壤传播，借用嫁接人工操作、工具携带病毒汁液，通过风雨造成的伤口或其他农事操作进行多次再侵染传毒。嫁接西瓜砧木种子处理不当，发病重。高温、强光、干旱、施肥不当的地块发病重。蚜虫发生数量大，病毒病发生较重。因此，铲除传毒媒介是防治病毒病非常关键的一环。

【救治方法】

生态防治：

（1）选用无毒种子和砧木（不建议使用黑籽南瓜做嫁接砧木），播种前对种子进行消毒。用10%磷酸三钠溶液浸种15～20分钟，冲洗后播种，或将种子放在70℃的恒温箱中处理72小时后播种。

（2）彻底清除田间杂草和周围越冬存活的西瓜老根，切断毒源。

（3）增施有机肥，培育大龄苗、促壮苗；加强中耕，及时灭蚜，增强植株本身的抗病毒能力。

（4）利用蚜虫的驱避作用，设置防蚜黄板诱蚜，银灰膜避蚜，如图116。

（5）加防虫网是设施西瓜棚室最有效阻断传毒媒介的措施。

种子处理：用10%磷酸三钠浸种30分钟，清水冲洗催芽播种。

图116 采用银灰膜避蚜的西瓜田

药剂防治：建议采用西瓜一生系统化防控大处方。

（1）三灌二喷法。见第六部分。

（2）灌根用药。用强内吸剂25％噻虫嗪可分散粒剂2 000倍液、35％噻虫嗪悬浮剂3 000倍液灌根进行一次性防治，持效期可长达25～30天，把蚜虫、蓟马控制在初期总数量相对较低的时期。方法是在移栽前2～3天，用25％噻虫嗪可分散粒剂1 500～2 000倍液（一喷雾器水加10～12克药），或35％噻虫嗪悬浮剂3 000倍液喷淋幼苗。使药液除喷叶片以外还要渗透到土壤中。或在采用根施用药整体防控时，每亩用35％噻虫嗪悬浮剂50毫升与防控病害的药剂一起根施或滴灌施用，省工省药，成本低。

（3）喷施用药。

①建议采用复合精油的综合防治技术：复合精油喷施后使害虫窒息而死，且无残留药害，棚室防控暴发性烟粉虱、蚜虫，建议采用"一蘸、一喷、一挂"综合方法。

一蘸：穴盘育苗定植前采用35％噻虫嗪悬浮剂+6.25％精甲霜灵·咯菌腈悬浮种衣剂20毫升对水15升蘸根5～8秒，然后下地定植。

一喷：喷施复合精油100倍液，喷施要均匀周到，对棚内所有绿色植物都要喷到。此步可将暴发性害虫杀死90％以上。

一挂：喷施精油前对棚室设置防虫网，喷施后吊挂诱虫黄板。

②可选用22.4％高效氯氟氰菊酯·噻虫嗪微囊悬浮－悬浮剂2 000倍

液、30%噻虫嗪·氯虫苯甲酰胺悬浮剂3 000倍液、25%噻虫嗪水分散粒剂2 500～5 000倍、10%吡虫啉可湿性粉剂1 000倍液、2.5%高效氯氟氰菊酯水剂1 500倍液、10%溴氰虫酰胺可分散油悬浮剂2 000倍液灭蚜、灭虱。

③病毒病初发期可选用20%吗胍·乙酸铜可湿性粉剂500倍液、10%吗啉胍可湿性粉剂400倍液、1.5%烷醇·硫酸铜乳油1 000倍液、30%菇类蛋白多糖可湿性粉剂400倍液等进行喷施，有一定的抑制作用。

蔓 枯 病

蔓枯病原本不是西瓜的主要病害。随着设施瓜菜种植面积的扩大，轮作倒茬随着土壤的转让承包和设施地块的固定已经不现实。随着嫁接技术的普及以及吊蔓、半吊蔓种植技术的广泛应用，西瓜高产引发大量施用氮肥造成土壤盐渍化和氮素过剩催生西瓜蔓枯病发生日趋严重，蔓枯病已经成为生产中的主要病害之一，南方与北方症状表现也更加复杂。

【典型症状】蔓枯病主要为害茎蔓、叶片、叶柄和果实。叶片发病多从叶缘呈V形病斑开始，如图117，一般先从下部叶片开始发生。初呈褐色水渍状圆形病斑，如图118，病斑边缘清晰，斑点中心灰褐色，如图119，形成同心圆状。病斑扩展成片，叶片呈黑褐色枯死，如图120，叶柄从基部开始长有不规则褐色坏死斑，如图121。重症时叶柄病斑汇合成不规则大斑。茎蔓染病多在茎节部位形成深绿色或灰褐色不规则纵裂坏死斑，如图122，果农称为"裂蔓病"，如图123。幼瓜染病瓜皮表面呈水渍状病斑，有阴湿状晕圈，如图124，气候干燥时病斑有裂

图117　初感蔓枯病的叶片叶缘呈V形病斑

图118　蔓枯病病斑深褐色坏死

纹，呈褐色疤痕斑，如图125。重度发病造成叶片干枯，枝蔓折断枯死。生产中常因茎蔓枯竭而使植株枯萎和死秧。

图119　病斑边缘清晰，斑点中心灰褐色

图120　病斑汇合成灰褐色同心圆形大块不规则病斑

图121　叶柄枝蔓呈褐色病变坏死

图122　裂蔓茎节处纵裂撕开状

图123　幼瓜呈水渍状阴湿晕圈并有裂纹

图124　病瓜干枯褐色疤痕

图125　生产中因蔓枯病枯死的植株

【疑似症状】

（1）叶片病斑呈大块不规则状，有轮纹，如图126。与蔓枯病不同的是，有清晰的轮纹，病斑干枯后生有孢子壳形成的轮纹。没有典型的水渍状的初期小圆形病斑和后期灰褐色同心圆形病斑。病斑颜色较浅，呈黄褐色。应判断是炭疽病叶片，按炭疽病进行防治。

（2）叶片病斑呈灰褐色圆形，潮湿环境下病斑颜色变黑褐，如图127。病斑有浅灰色圆点，是叶斑病的典型症状，可与蔓枯病区别。

图126　疑似蔓枯病的炭疽病叶片

图127　疑似蔓枯病的叶斑病叶片

【发病原因】病菌附着于病残体上，在土壤内或棚室内越冬，也可在种子表皮上越冬。通过浇水、气流或农事操作传播。病菌传播适宜温度20～24℃，空气湿度85%以上、种植密度过大、通风不良容易发病。氮肥过量或盐渍化土壤非常容易引发蔓枯病。尤其是过度追施化肥或冲施肥不当，瓜秧裂蔓现象就非常普遍。缺肥、大水漫灌、连作、平畦种植、排水不畅均利于病害发生。

【救治方法】

生态防治：

（1）轮作倒茬。与非葫芦科作物实行2～3年轮作，清除病残体。

（2）种子消毒。55℃温水浸种30分钟或70℃干热灭菌48～72小时，或用硫酸链霉素200毫克/千克浸种2小时。

（3）合理施肥。施足有机肥，增施生物菌肥、氨基酸钾肥。生产中增施海藻菌肥对改善土壤活力和根系营养吸收，降低蔓枯病发生率有明显的效果。

（4）高温闷棚。设施西瓜棚室春茬收获后必须要拉秧闷棚，对解决土壤带菌连茬障碍非常有效。具体方法见枯萎病。

药剂防治：定植时沟施生物菌药处理，每亩用10亿个芽孢/克枯草芽孢杆菌可湿性粉剂2～3千克拌药土，对每株穴施后定植，有较好的预防效果。尤其是重茬死秧严重的地块，活化土壤、刺激根系活性、增施有机肥是解决土传病害的根本措施。

（1）三灌二喷法。见第六部分。

（2）灌根施药法。可选用10亿个芽孢/克枯草芽孢杆菌可湿性粉剂300倍液、80%多菌灵可湿性粉剂600倍液、75%百菌清可湿性粉剂800倍液、22.5%啶氧菌酯悬浮剂1 200倍液+2.5%咯菌腈悬浮剂1 000倍液、70%甲基硫菌灵可湿性粉剂500倍液喷施或灌根。采用32.5%苯醚甲环唑·嘧菌酯悬浮剂100倍液+40%春雷·王铜可湿性粉剂400倍液混配后喷施和涂抹裂蔓病茎处效果也很好。

叶 斑 病

【典型症状】叶斑病常发生在西瓜生长中后期，主要为害叶片。染病初期叶片呈暗绿色水渍状深褐色小斑点，如图128，病斑中央呈浅褐色亮斑，如图129，逐渐扩展，斑点连片，呈不规则黑褐色斑块，如图130。从下部叶片开始感病，逐渐向上蔓延。高湿环境下病斑有黑褐色晕圈，有浅褐色中心斑点，如图131，干燥时病斑黑褐色晕圈中心点白色，如图132。病斑从下向上发展顺序是诊断叶斑病的主要依据。

【疑似症状】叶斑病与叶枯病的症状经常混淆。区分这两种病害主要看初期病斑颜色和有无病斑中心点和晕圈。初期呈紫褐色小斑点，扩大发展后呈不规则圆形或大V形斑，如图133，虽然病斑也是深褐色，但病斑没有褐色中心斑点，感病多从叶缘开始，应判断是疑似叶斑病的叶枯病。

图128　感染叶斑病初期叶片上的水渍状褐色小斑点

图129　病斑中央呈浅灰色亮斑

图130　病斑扩展连片呈不规则黑褐色斑块

图131　高湿环境下叶斑黑褐色晕圈有浅褐色中心斑点

图132　干燥环境下病斑黑褐色晕圈中心点白色

图133　疑似叶斑病的叶枯病叶片

【发病原因】病菌以菌丝体或菌丝块随病残体或在病叶上越冬，病菌以分生孢子借风雨传播，从伤口或气孔侵入，高温高湿条件下发病严重。春季保护地西瓜生长后期和雨季到来时有利于病害流行。

【救治方法】

生态防治：

（1）地膜覆盖可有效减少病菌初侵染源。

（2）清除病残体及落叶，尽量将瓜秧集中在一起烧毁、深埋或发酵沤肥。

（3）多雨地区高垄栽培，应留好排水沟。适量浇水，严禁旱涝不均和大水漫灌。雨后及时排水。

（4）施足有机底肥，增加磷、钾肥。

药剂防治：建议采用西瓜一生系统化防控大处方。

（1）三灌二喷法。见第六部分。

（2）喷雾施药法。用25%嘧菌酯悬浮剂1 500倍液预防会有非常好的效果。也可选用22.5%啶氧菌酯悬浮剂1 200倍液、32.5%吡唑奈菌胺·嘧菌酯悬浮剂1 000倍液或1 500倍液、75%百菌清可湿性粉剂600倍液、56%百菌清·嘧菌酯悬浮剂800倍液、10%苯醚甲环唑水分散粒剂1 500倍液、80%代森锰锌可湿性粉剂600倍液、42.8%氟吡菌酰胺·肟菌酯悬浮剂1 000倍液。

叶 枯 病

【典型症状】西瓜叶枯病主要为害叶片，病斑较大，颜色为深重的黑褐色，如图134。感病叶片初期在叶缘或叶脉周围产生黄绿色水渍状病斑，病斑中心略凹陷，如图135，或沿叶脉呈现不规则水渍状病斑，如图136，重症时几个病斑扩展汇成大块病斑，如图137，致使叶片大面积干枯呈褐黑色，如图138。

【疑似症状】

（1）感病叶片不受叶脉限制，病斑呈大块不规则状，有轮纹，如图139。与叶枯病不同的是，没有典型的初期水渍状的小圆形病斑。根据其初期病斑不受叶脉限制以及叶面有轮状黑点霉状物症状，应判断是炭疽病叶片。按炭疽病进行防治即可。

（2）叶片从叶缘开始呈V形水渍状发病并长出稀疏白色霉状物，如图140。虽然病斑从叶缘开始但观察其霉状物的颜色可以诊断出应是疫病，而叶枯病霉状物致密且色深。

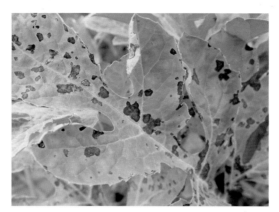

图134　褐黑色稍凹陷的西瓜叶枯病叶片

图135　从叶缘开始侵染叶片

图136　叶背面清晰的水渍状病斑

图137　重症叶枯病连片病斑

图138　感染叶枯病的西瓜田间症状

图139　疑似叶枯病的炭疽病叶片　　　　图140　疑似叶枯病的疫病叶片

【发病原因】病菌以菌丝和分生孢子在病残体、越冬保护地设施栽培的瓜类作物或多年生葫芦科杂草上或附着在种子上越冬。借气流、风雨或靠雨水反溅传播。从气孔侵入，发病适温为22～26℃，湿度接近饱和、多雨季节发病重。施用未腐熟的有机肥或旧苗床、种植密度大、氮肥过量、田间积水易发病和流行。

【救治方法】

生态防治：

（1）实行轮作倒茬；清除病残体及落叶。

（2）地膜覆盖可有效减少病菌初侵染源。

（3）严禁旱涝不均，适时浇水，雨后及时排水。

（4）后期尽量打掉老叶，加强通风。

（5）合理增施钾肥、锌肥，设施栽培种植模式注意补镁、硼。

药剂防治：建议采用西瓜一生系统化防控大处方。

（1）三灌二喷法。见第六部分。

（2）喷雾施药法。预防病害可选用56%百菌清·嘧菌酯悬浮剂800倍液、22.5%啶氧菌酯悬浮剂1 200倍液、32.5%苯醚甲环唑·嘧菌酯悬浮剂1 000倍液或25%嘧菌酯悬浮剂1 500倍液、32.5%吡唑奈菌胺·嘧菌酯悬浮剂1 000～1 500倍液、10%苯醚甲环唑水分散粒剂800倍液、42.8%氟吡菌酰胺·肟菌酯悬浮剂1 500倍液等喷雾。

菌　核　病

【典型症状】菌核病主要为害茎蔓、果实，发生在西瓜生长后期和采摘后运输保存时。幼瓜到成熟期都可感病，主要为害果实和近地面的茎蔓。果实染病先从接近地面处开始出现水渍状褐斑，高湿、持续低温环境下病斑软化处长出白色菌丝，如图141。茎蔓染病先从接近地面处出现阴湿状褐色病变，如图142，茎蔓纵裂溃烂或干枯。幼瓜染病表现为水渍状软化，褐变逐渐扩大环绕病斑处长出菌丝，后会有黑色菌核，如图143。剖开病瓜呈阴湿状腐烂，如图144。

【疑似症状】菌核病常常与果腐病、绵腐病、蔓枯病的病瓜症状混淆。绵腐病病瓜的水烂程度较重，如图145，多与雨水浸泡的种植季节有因果关系。果腐病的病瓜有臭味，瓜皮阴湿状，如图146。诊断时注意综合发病时间和种植模式、季节等因素。

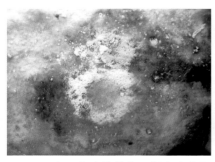

图141　病瓜水渍状软化，长出白色霉状物

图142　茎蔓染病从近地面处出现阴湿状褐色病变

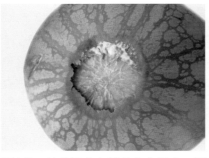

图143　幼瓜染病水渍状软化褐变，环绕病斑处长出菌丝

图144　重症病瓜阴湿状腐烂

51

二、西瓜病害典型与非典型、疑似症状的诊断与救治

蔬菜病虫害绿色防控实战丛书

图145 疑似菌核病的绵腐病病瓜　　　图146 疑似菌核病的果腐病病瓜

【发病原因】病菌主要以菌核在田间或棚室保护地中或混杂在种子里越冬。春天子囊孢子随气流、伤口、叶孔侵入，首先感染下部老化叶片和开花后的花瓣，也可由萌发的子囊孢子芽管穿过叶片表皮细胞间隙直接侵入，适宜发病温度为16～20℃，早春低温高湿、连阴天、多雾天气发病重。

【救治方法】

生态防治：

（1）保护地栽培覆盖地膜，阻止病菌出土，尽早排湿、保温，摘除老叶，净化生长环境。

（2）土壤表面药剂处理。每100千克土加入2.5%咯菌腈悬浮剂10毫升、68%精甲霜灵·锰锌水分散粒剂20克拌均匀撒在育苗床上，或药液封闭土壤表面。

（3）及时清理病残体，集中烧毁。

药剂救治：建议采用西瓜一生系统化防控大处方。

预防可采用25%嘧菌酯悬浮剂1 500倍液、32.5%吡唑奈菌胺·嘧菌酯悬浮剂1 200倍液、56%百菌清·嘧菌酯悬浮剂800倍液、50%咯菌腈可湿性粉剂3 000倍液、50%啶酰菌胺可湿性粉剂1 000倍液重点预防。防治时可选用25%嘧菌酯悬浮剂1 500倍液+50%咯菌腈可湿性粉剂5 000倍液，重度发生时摘除病瓜后对所有植株和茎叶喷施50%啶酰菌胺可湿性粉剂1 000倍液、62%咯菌腈·嘧霉环胺水分散粒剂3 000倍液、50%乙烯菌核利干悬浮剂1 000倍液、22.5%啶氧菌酯悬浮剂1 200倍液+50%多菌灵·乙霉威可湿性粉剂800倍液等。

果 斑 病

【典型症状】西瓜果斑病也叫果腐病，顾名思义是西瓜果实腐烂性病害，是西瓜成熟时才能表现出来的细菌性病害。对瓜农来说是一种毁灭性病害，如图147。主要为害果实、叶片，因其种子带菌，重度带菌幼苗多有带菌发病枯死现象。幼苗染病或嫁接时感病，会导致水渍状褐变，如图148，逐渐枯死，如图149。叶片感病初期叶背为浅绿色水渍状斑，病斑逐渐变灰褐色，如图150，叶背面没有霉状物。发病初期成熟瓜剖面瓜皮阴湿褐变，瓜瓤水渍状阴湿，如图151。幼瓜感病出现水渍小斑点，逐渐扩大为边缘不规则的暗绿色水渍状块斑，如图152。逐步发展到整个瓜的表皮，如图153。若遇雨水和干旱交替变化，会促使果皮爆裂，造成果实溃烂腐化。

【疑似症状】病瓜水渍状凹陷，没有臭味，如图154，因其尚没有长出菌丝常常将溃烂病瓜与果斑病瓜混淆，待后期长出白色霉状物菌丝，才区别出疑似果斑病的菌核病病瓜。

【发病原因】种子带菌是主要的传播途径，因此杀菌剂处理种子是第一关键措施。细菌只能在土壤中存活7～14天。高湿环境和多雨季节是病害流行的重要条件。

图147　果斑病造成西瓜绝收

图148 幼苗染病或嫁接时感病，茎蔓水渍状褐变

图149 染病植株逐渐枯死

图150 叶片染病叶背为浅绿色水渍状斑，渐变灰褐色，没有霉状物

图151 成熟瓜感病后瓜皮阴湿褐变，瓜瓤水渍状阴湿

图152 发病初期水渍状小斑点扩大呈不规则的暗绿斑块

图153 重症病瓜水渍状斑渐变为灰褐色

图154 疑似果斑病的菌核病病瓜

【救治方法】

选用不带病菌的种子：不引进病区的种子。加强种子检疫。一旦发现重病瓜，应该立即改种其他作物，减少病菌传播机会。

种子消毒：播前温汤浸种，55℃温水浸种30分钟，或70℃干热灭菌24小时，或用硫酸链霉素200毫克/千克浸种2小时。

清除病株和病残体：清除病残体并烧毁，病穴撒入石灰消毒。采用高垄栽培，尽量不在阴天或带露水、潮湿条件下进行整枝打蔓等农事操作。

药剂防治：预防细菌性病害初期可选用47%春雷·王铜可湿性粉剂400倍液、77%氧化铜可湿性粉剂600倍液，或用70%硫酸铜钙滴灌入土杀菌，或用27.12%氧化铜悬浮剂800倍液喷施或灌根。每亩用硫酸铜3～4千克撒施浇水处理土壤可以预防细菌性病害。

细菌性叶斑病

【典型症状】西瓜细菌性叶斑病主要为害叶片、叶柄、茎蔓和幼瓜。西瓜整个生长期病菌均可以侵染。苗期感病子叶呈水渍状黄色凹陷斑点，叶片感病初期叶背为浅绿色水渍状小斑点，如图155，叶面渐渐变成黄褐色病斑，逐渐发展，病斑边缘出现晕圈，中心灰白色，如图156。干燥时病斑穿孔，湿度大时病斑处有菌脓，叶背面没有霉状物，后期病斑逐渐变灰褐色，如图157，棚室温湿度大时，叶背面会有白色菌脓溢出，干燥后病斑部位脆裂穿孔，这是区别于疫病的主要特征。茎蔓感病水渍状，如图158，幼瓜感病瓜表面长有油渍状褐色污点斑，如图159，遇晴朗干燥天气，病菌在瓜面生成坏死污点斑，不再侵染瓜体内部，如图160。

图155　感病初期叶背为浅绿色水渍状斑

图157　后期病斑逐渐变灰褐色

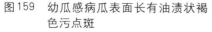

图159　幼瓜感病瓜表面长有油渍状褐色污点斑

图156　病斑边缘出现晕圈，中心灰白色

图158　茎蔓感病水渍状斑

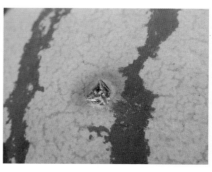

图160　病瓜上的褐色油渍状病斑

【疑似症状】真菌性叶斑病与细菌性叶斑病虽然症状上有相似之处，但是用药有区别，这是防控技术要点。真菌性叶斑病病斑上有霉状物，细菌性叶斑病没有霉状物，但是会有菌脓和臭味，真菌性叶斑病初侵染时的水渍状晕圈阴湿状，病斑大，干燥时呈疤痕褐色大型病斑，也没有菌脓，与细菌性叶斑病小型黄褐色斑点不同。

【救治方法】选用无病品种。

种子消毒：播前温汤浸种，用55℃温水浸种30分钟，或70℃干热灭菌72小时，或每千克种子用硫酸链霉素200毫克浸种2小时。

农业措施：清除病株和病残体并烧毁，病穴撒入石灰消毒。采用高垄栽培，尽量不在阴天、带露水或潮湿条件下进行整枝打蔓和其他农事操作。

药剂防治：此病极易与真菌性叶斑病或黑斑病混合发生，建议采用"阿加组合"配合防控，即25%嘧菌酯悬浮剂（阿米西达）10毫升+47%春雷·王铜可湿性粉剂（加瑞农）30克对15升水喷施或淋喷，10～15天喷施1次。配合田间控湿管理，实践证明防控效果理想。也可以单独采用47%春雷·王铜可湿性粉剂400倍液、3%中生霉素可湿性粉剂800倍液、30%噻唑锌可湿性粉剂400倍液、30%噻菌酮可湿性粉剂400倍液或77%氢氧化铜可湿性粉剂600倍液、27.12%氧化铜悬浮剂800倍液喷施或灌根。每亩用硫酸铜3～4千克撒施后浇水处理土壤可以预防细菌性病害。注意所选择的药品交替使用，降低抗性风险。

三、西瓜生理性病害的诊断与救治

在西瓜生产一线，瓜农对生理性病害的认知非常模糊，生理性病害已经成为影响优质高效品牌西瓜生产的重要障碍。生理性病害发生所占病害发生的比率正逐年提高，因误诊而错误用药致使产生的各种农药药害、肥害等现象普遍发生。又因多种农药混施造成复合症状，给诊断带来难度。实践中，应以病害发生部位和症状相似性来分类诊断。

高 温 热 害

【症状】西瓜秧苗植株褪绿，从叶缘渐黄化，叶缘上卷，如图161，叶片中上部有乳黄色斑，没有霉状物，没有湿润晕圈，如图162，植株接近地膜或地面的叶片、叶柄干枯，不可再恢复，如图163。多茬越夏西瓜地整体枝蔓呈褪绿黄化状，如图164。接触到地膜的整个地块的枝蔓黄化枯死，如图165。

图161　热害导致植株褪绿，叶缘渐黄化上卷

【发生原因】在北方设施西瓜早春栽培的主要方式是采用拱棚，春暖季节升温较快且温差较大，瓜苗定植后棚室放风不及时，土壤中水分

图162　热害高温滴水造成叶片烫伤性枯斑

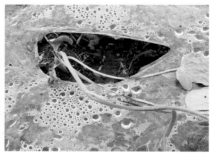

图163　接近地膜或地面的叶柄干枯

和农家肥蒸腾，棚内温度常达到38℃甚至40℃以上，在高温环境中蒸腾作用会让西瓜秧苗呼吸作用大于叶片光合作用，就会造成叶缘黄化和上卷。高温棚膜滴水落到叶片上会造成烫伤。强光环境下不及时放风，附着在棚膜上的瓜蔓就会因高温而烫伤。

【救治方法】及时放风，通风透气。移栽西瓜穴坑定植时用土压严定植穴口，防止土壤中的热气熏蒸秧苗。生产中采用无滴棚膜，上午升温前，击打棚膜滴水，争取到中午时分没有滴水，可以避免高温滴水造成的叶片烫伤。地膜覆盖种植的西瓜高垄栽培，适当缩小垄畦宽度，收窄地膜宽度，让更多的秧蔓在地面上匍匐，减少与地膜的接触面。

图164　多茬西瓜越夏整体枝蔓呈褪绿黄化

图165　接触到地膜的整个地块的枝蔓黄化枯死

【药剂喷施缓解】对植株秧苗喷施或淋根可选用55%氨基酸硅水剂（途保康）300倍液、56%螯合氨基酸水剂（阿速勃叶）500倍液、3.4%赤·吲乙·芸晶体（碧护）5 000倍液、55%益施帮水剂400倍液，一般是25～30毫升药液对15～16升水，淋根或喷施，促使植株尽快恢复生长。

低温障碍（寒害、冷害、冻害）

【症状】北方早春设施栽培西瓜多在育苗时、嫁接后发生低温寒害现象。西瓜是喜温作物，在早春相对寒冷的环境里，瓜叶呈湿绿状，如图166，遇到寒冷植株萎蔫状，检查根系很少有新根和须根。生长点和叶片生长停止，叶片从叶缘开始黄化，如图167，植株枯黄，直至叶肉脱色，发白，如图168。突发霜降也会造成果实在膨瓜期爆裂，如图169。

图166　低温环境下的西瓜幼苗　　　图167　因寒冷停止生长的西瓜叶片黄化

图168　西瓜秧苗定植时受冻害枯黄的叶片

【发病原因】西瓜是耐热不耐寒的喜温作物，在寒冷的环境里耐受程度是有限的。西瓜根系生长的最低温度为8℃。西瓜植株对低温非常敏感，温度低于13℃时植株停止生长，遇霜即死。当冬春季或秋冬季节定植或育苗时，遭遇寒冷，或长时间低温或霜冻，会引发西瓜植株寒害。育苗、移栽浇水量过大，持续低温阴天，土壤积水、通透性差，根系吸氧不足，发病重。

【救治方法】

（1）北方设施栽培选择耐寒、抗低温、耐弱光的品种，如8424、麒麟瓜、蜜童、伟丽8号等。

图169　霜冻造成的幼瓜爆裂

（2）根据生育期确定低温保苗措施。霜冻来临之前，尽早覆膜保持地温，尽早喷施抗寒剂，即56%氨基酸镁水剂。定植后提倡全地膜覆盖，有条件的可以在设施中加盖棚中棚，如图170，降低棚室湿度，建议设置滴灌设备或进行膜下渗浇，如图171。晒水浇灌，小水勤浇，切忌大水漫灌，有利于保温排湿，有利于保持土壤温度，避免因浇冷水土温降低太快，根系受寒造成生长障碍。

图170　北方棚中棚的"三膜"种植模式

图171　膜下渗浇

（3）智能农业园区和种植大户建议安装滴灌设施，如图172，可有效供应充足水分又可节水保温降湿。合理均衡地施肥浇水，如图173，露地滴灌模式，是无公害西瓜生产的必然趋势。

（4）设施栽培可以采用蜜蜂辅助授粉，提高授粉率，如图174。一般每亩棚室，可放置1～2箱蜜蜂。温室封口须设置纱网，以防蜜蜂飞出。

在北方，从冬早春以及春季保护地栽培的西瓜抗寒、抗冻的实践经验中我们总结出如下综合技术措施：

①下雪时，棉被没有覆膜的，及时尽早拉开棉被，清扫棚膜上的积雪。有条件的可以用温水清除棚膜上面的灰尘、污物及积雪，增加大棚内光照，提高棚温。

②增加覆盖物。尽快架设二膜，在大棚内套二膜或架设小拱棚并加盖草帘。大棚前面加草苫围帘或玉米秸，增加保温措施。这样可增温1～2℃。

图172　设施栽培滴灌

图173　露地滴灌

图174　蜜蜂辅助授粉

　　③在原来的棉被或草苫上面再加一层薄苫或棚膜，压严封口和棚前围挡处，可使棚温提高2～3℃。在原来的草苫上覆盖一层薄膜，不仅可以挡风，还能防止雨雪打湿草苫及结冰，防止拉毡故障和雪天拉毡而造成的棚内早期降温冷害，也减少因水分蒸发而引起的热量散失。

　　④有条件的园区可以开通暖风机、空调、暖气片等加温设备增温，或温室内增设火炉或电暖气、电热炉增温保苗。

　　⑤使用足功率的植物灯补光可以提高棚温2.5℃左右。在充足光照

下，植株光合作用良好，植株生长健壮，可以提高抵抗低温的能力。

⑥清晨4～5时棚内点燃增温燃烧块，每3～5米点燃一块，或在棚前后每1～1.5米点燃一支蜡烛，有即时抗寒效果。

⑦喷施氨基酸叶面肥。56%氨基酸镁水剂30毫升对15升水、或55%氨基酸硅水剂（途保康）10毫升对15升水喷施叶面，可增加叶肉含糖量及硬度，提高植株抗寒性，缓解冻害程度。

⑧中耕防寒，寒冷天气严格控制浇水。通风时要短时放湿气、尽快升温。可以采用浅中耕破湿土的办法控制水分蒸腾和促进根部保温。保温防寒时不提倡冲施水溶性肥料，必须追肥补养保苗。建议施用56%氨基酸水剂（阿速勃根）500毫升/亩、生物腐殖酸、5.5%氨基酸·腐殖酸水剂（根罗）或腐殖酸补充营养。在天气预报将有极度寒冷天气到来之前，可用生物菌剂辅助缓解抗寒：可以迅速喷施56%氨基酸镁水剂300倍液、55%氨基酸硅水剂（途保康）400倍液、12%腐殖酸水剂500倍液、55%氨基酸水剂（益施帮）400倍液、3.4%赤·吲乙·芸晶体（碧护）5 000倍液等进行喷施。也可选用10亿个芽孢/克枯草芽孢杆菌可湿性粉剂200倍液喷施或淋灌。

土壤盐渍化障碍

【症状】植株生长缓慢，矮化，叶色深绿，叶缘枯黄，如图175，叶柄或茎蔓细长，如图176，叶缘开始有失水性枯边，继而发展成浅褐色枯边，检查根系有沤根现象发生，如图177，地上部植株逐渐失水，造成脱水性萎蔫，重症盐渍化植株会因根系吸收困难枯死，如图178。

图175　盐渍化障碍西瓜失水性叶缘枯黄症状

图176　叶柄、枝蔓细长

图177　盐渍化土壤中的植株沤根现象　　　图178　重症盐渍化植株枯死

【发病原因】在重茬、连茬、土壤有机肥严重不足及大量、过量施用化肥的地块种植西瓜，经常发生营养不良的现象。这是由于长期施用化肥，使硝酸盐在土壤中逐年积累。由于过量施用化肥，肥料中的盐分不会或很少向下淋失，造成土壤中的盐分借毛细管水上升到表土层并积聚，盐分的积聚使西瓜根围土壤水分压力过小，造成各种养分吸收输导困难，植株生长缓慢。植株周围根压过小，反而向植株索要水分，造成局部水分倒流，同时设施栽培的棚室或夏季露地中的西瓜坐瓜时节一般正值高温季节，水分蒸发量大，叶片因根压不足造成水分和养分不足，叶缘呈枯干状，重症呈萎蔫或枯萎。

【救治方法】

（1）轮作倒茬。实行不同作物间的合理轮作，最好是与瓜类作物以外的作物轮作。特别是水旱轮作，对预防土传病害的发生、促进土壤有机质养分的有效吸收和积累会收到事半功倍的效果。合理轮作能使寄主专一性的病原菌因失去寄主而不能正常生长和繁殖，从而减少致病菌的数量。轮作还可以调节地力，提高肥效，改善土壤的理化性能。嫁接西瓜虽能暂时解决重茬连作的问题，但是砧木的连年单一使用也会造成生长性连作障碍，因此建议2～3年轮作1次。

（2）改良土壤。改变土壤盐渍化的根本问题是改良土壤。盐渍化导致土壤板结和生理性病害加重。应增施有机肥，测土配方施肥，尽量不用容易产生土壤盐类的化肥。氮肥过量的地块增施钾肥和生物菌肥，以改变土壤通透性和盐性环境。连作地块可以施用生物菌肥木美土里，也可用海藻菌肥，改善土壤盐渍化状态，加快土壤吸收活性。重症地块灌水洗盐，泡田淋失盐分，及时补充流失的钙、镁等微量元素。

（3）秸秆还田松化土壤。将粉碎好的秸秆与厩肥混合发酵后铺到田中深翻土壤，如图179，加强土壤通透性和吸肥性能，还可以有效防治土传病害。松化土壤有利于洗盐，闷棚后及时补充流失的钙、镁等微量元素。

图179　粉碎的秸秆与厩肥铺到田中深翻

氮（中毒）过剩症

【症状】氮过剩会造成西瓜秧苗烧根中毒后矮化，真叶叶缘上翘黄化，如图180，甚至会有秧苗枯死现象。成株叶片组织柔软，叶片肥大，贪青徒长，叶色浓绿，如图181，顶端叶片卷曲，叶片易拧转，花芽分化延迟，不好坐瓜，生长紊乱，如图182。过量的氮素会使秧蔓烧根中毒枯死，如

图180　尿素施入过量的黄化秧苗

图183。早春北方栽培的西瓜氮素过多容易发生果实着色差、发白、口味淡、甜度低。

【发病原因】过度追求产量而施入大量的氮肥，使氮肥转化成了氨

基酸进而转化成生长素，刺激植株幼叶的快速生长。连茬种植西瓜时，瓜农唯恐施肥不足而大量施入氮肥是造成氮（中毒）过剩的主要原因。冲施复合肥虽然表面上施入的是多种元素，但事实上氮元素的量很大。西瓜育苗配制营养土时，施入过量的氮素会造成秧苗烧根中毒枯死。

图181　叶片肥大贪青徒长

图182　氮过剩贪青徒长的瓜田

图183　氮过剩造成田间秧蔓烧根黄化

67

三、西瓜生理性病害的诊断与救治

蔬菜病虫害绿色防控实战丛书

【救治方法】

（1）测土施肥。针对种植品种特性，对所种地块进行肥力测定，尤其是正确估计前茬残留的肥力，防止氮过量。稍有过剩症状可以选用生物钾肥3～5千克或海藻菌肥1升进行冲施缓解。示范中海藻菌肥的补救效果好。一般情况下西瓜不需要太多的氮肥，应适时补充磷肥和钾肥，多施有机肥，严格掌握化肥的施入量。

（2）秸秆还田。加强土壤的通透性，避免硝态氮的产生及中毒现象。

（3）棚室栽培的西瓜，定植后一定注意棚室的通风透气，同时施入的底肥一定要腐熟，深施，不要露出地表，以免产生氨气，对叶片熏蒸产生肥害。配制育苗营养土时，应严格准确控制化肥的用量，不能估算，或尽量不用化肥作营养土的肥源，加足量腐熟的有机肥（可参照第七部分苗床土配方操作）。严格喷施叶面肥，剂量掌握准确，做到合理施肥，配方施肥。夏季或高温季节定量追施化肥，沟施，覆土，避开中午时间施肥，傍晚施肥，及时浇水通风。有条件的棚室提倡滴灌施肥，可有效避免高温烧叶、肥水不均。对已经产生烧灼现象的瓜秧，尽快浇清水，以降低土壤肥水浓度，多通风，降低棚室温度，降低植株呼吸蒸腾水分的总量，避免因根系烧灼吸水传导困难，造成植株脱水性萎蔫。

以下是生产中解救氮过量的系列方案。

轻度：黄化、叶缘褐色枯干。

解救措施：①每亩冲施腐菌酵素4千克，缓解根系生存环境和活性。喷施55%氨基酸水剂（益施帮）25毫升，对15～16升水。

②每亩冲施95%海藻酸水剂500毫升+56%氨基酸水剂（阿速勃根）700毫升。喷施56%氨基酸镁水剂25毫升，对15～16升水。

中度：根系褐色，植株生长受到抑制，叶片叶缘脱水性枯干、皱缩、畸形。

解救措施：①每亩冲施56%氨基酸·腐殖酸水剂（阿速勃沃土）1升，5天后可以再加强一次。喷施56%氨基酸镁水剂25毫升+95%海藻酸水剂（阿美兹）20毫升，对15～16升水。

②每亩冲施5.5%氨基酸·腐殖酸水剂（根罗）2千克。喷施3%腐殖酸钾水剂50毫升，对15～16升水。

③每亩冲施阿速勃沃土500毫升，5天后可以加强一次。喷施55%氨基酸水剂（益施帮）25毫升，对15～16升水。

重度：植株明显矮化，叶片畸形、黄化、褪绿或烧灼白化，大面积枯干等。

解救措施：①用腐菌酵素4千克冲施，快速缓解因农家肥不腐熟造成的烧苗和滞长。7天后视缓解情况再用56%氨基酸水剂（阿速勃根）500毫升小水冲施。喷施95%海藻酸水剂20毫升+55%氨基酸水剂10毫升，对15～16升水。

②腐菌酵素4千克+5.5%氨基酸·腐殖酸水剂2千克随水冲施。喷施3%腐殖酸钾水剂50毫升+95%海藻酸水剂20毫升，对15～16升水。

③冲施生物菌剂5.5%氨基酸·腐殖酸水剂5千克/亩。喷施95%海藻酸水剂10毫升或绿得钙20毫升，对15～16升水。

缺 钾 症

【症状】缺钾一般表现在植株的下部叶片上，下部叶片的叶缘产生不规则浅褪绿色斑点，如图184，缺钾症没有霉状物，可与真菌性病害区别。钾可在植株体内移动，植株缺钾时老叶中的钾就会移动到生长旺盛的新叶中，从而导致老叶缺钾性褐斑，如图185。缺钾还会影响西瓜成熟时的糖分转化，使甜度降低。

【发病原因】西瓜对钾的需求量是氮的2倍，而一般复合肥中氮、钾的施入量是等同的。因此，在施入有机肥不足，补充含有氮、钾的复合肥时，对连年种植的西瓜田，钾会越来越少，并发生西瓜生长后期缺钾的现象。磷肥的过量施用也会导致西瓜对钾肥吸收的减少。

图184　缺钾叶片产生不规则浅褪绿色斑

图185　老叶缺钾性褐斑

三、西瓜病虫害绿色防控实战丛书
西瓜生理性病害的诊断与救治

【救治方法】西瓜缺钾时还会影响铁的输送、吸收。因此，补充钾肥的同时，应该补铁，二者同时进行。生产中常用高浓度的螯合氨基酸微量元素或腐殖酸＋氨基酸微肥进行补钾，可起到很好的效果。如每亩用55%氨基酸硅水剂500毫升、56%螯合氨基酸钾镁水剂（阿速勃钾镁）500毫升、12%氨基酸·腐殖酸水剂（伊万腐殖酸）300毫升或55%氨基酸水剂（益施帮）500～1 000毫升冲施，及时补充钾，改善西瓜的口感和甜度。喷施常规浓度是25～30毫升药液对15～16升水，淋根或喷施。

四、西瓜药害的诊断与救治

西瓜有皮薄、果面光滑、脆嫩多汁等特点，是深受人们喜爱的夏季瓜果。但是，光滑的瓜面和皮薄的特点决定了西瓜对农药的特殊敏感性，也决定了病害防治用药时和使用复配农药时需加倍谨慎。

生长调节剂药害

【症状】西瓜种植中一般使用两次生长调节剂。一是促雌分化的辅助授粉，西瓜是雌雄同株异花，三倍体西瓜无雄花，需要异株授粉或用生长调节剂辅助授粉，常因生长调节剂浓度高致使植株叶柄异常和幼瓜畸形，如图186。二是在西瓜起身膨大期用药，使西瓜迅速长大，但是膨大素过量施用也会造成幼瓜的崩裂，如图187，成熟转糖期喷施含有激素的药剂或叶面肥也会造成后熟瓜崩裂，如图188。

图186　高浓度生长调节剂辅助授粉造成叶柄和幼瓜生长异常

【药害原因】生产中为促进植株生长发育，常使用赤霉素等激素类药剂。5～8毫克/千克的赤霉素溶液可以有效打破作物休眠期，也可用

图187　膨大素浓度过高刺激生长过快造成的裂瓜

图188　转糖期使用刺激膨大的叶面肥造成裂瓜

0.5毫克/千克的浓度促进植株生长。其他常用的生长调节剂有防落素、丁酰肼、缩节胺等。如果使用时盲目大剂量用药，希望促进分化、加速西瓜膨大，而忽略了西瓜自身膨大阶段的极限、激素过量对植株的抑制及激素只对植株某一部位起作用的特点，就会发生对花蕾刺激过大，或超过西瓜自身生长速度的极限，刺激叶肉细胞超速生长或崩裂。另外，过量或不严格使用矮壮素或保花药剂、促壮素等可能在育苗、开花阶段控制了徒长、落花，但由于剂量过大，过多地限制了秧苗或植株的正常生长，使植株生长缓慢，还会出现生长紊乱现象。

【救治方法】根据药害发生的轻重程度采取相应的管理措施，使用调节剂或叶面肥缓解。

（1）科学用药，预防为主，采用处方化防治，争取主动性预防，降低病害的发生率。

（2）掌握好生长调节剂用药时机，单一使用，目标准确，切忌随意增加、减少药剂浓度或混配用药。

施 药 药 害

【施药不当药害症状】

（1）大剂量、多种类农药混用，致使西瓜叶片产生急性黑褐色烧灼斑，如图189。

（2）喷施过量增效剂或乳油类的杀虫剂、杀菌剂使西瓜叶片呈浅黄色斑点，如图190。

图189 大剂量农药混用对西瓜叶片造成的灼伤黑斑

图190 药害导致西瓜叶片边缘黄化

（3）控旺措施应用不当，如用多效唑抑制西瓜营养生长过快，浓度过高会造成枝蔓缩头和茎蔓皱缩现象，如图191。

（4）西瓜田使用除草剂操作顺序颠倒，先挖穴后喷施选择性除草剂，抑制西瓜根系生长，造成植株黄化畸形，如图192。

图191 多效唑浓度过高造成西瓜枝蔓皱缩性异常

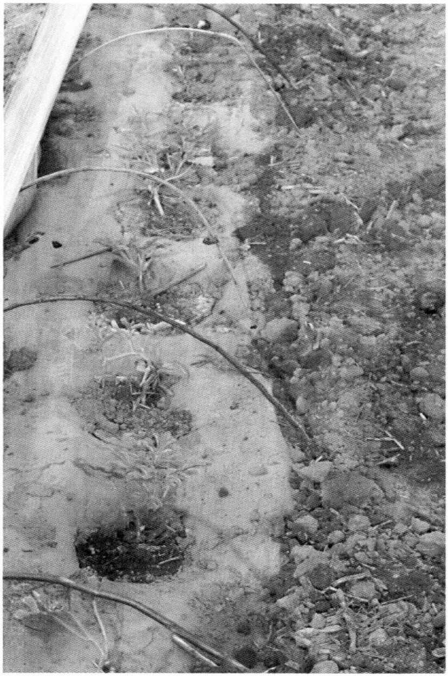

图192 除草剂操作顺序颠倒抑制西瓜植株生长

【飘移性药害症状】使用灭生性除草剂或飘移性强的除草剂有时会殃及周围作物或植株本身，灭生性除草剂飘落造成西瓜植株烧灼性失绿脱水干枯，如图193。小麦田除草剂2，4-滴随气流从西瓜棚风口进入会造成西瓜枝蔓皱缩畸形，如图194。

图193 飘移性药害造成西瓜植株烧灼性脱水干枯

图194 2，4-滴飘移性药害造成西瓜枝蔓皱缩畸形

【熏蒸药害症状】在密闭的单膜拱棚中使用除草剂，在高湿高温条件下药剂蒸发成有害气体，熏蒸西瓜秧苗，轻度药害会使秧苗黄化，叶片微翘，如图195，中度药害会有叶片失水性萎蔫干枯，如图196，重度药害植株生长受到抑制。

图195　熏蒸药害造成秧苗黄化，叶片　图196　中度熏蒸药害造成叶片失水性
　　　　微翘　　　　　　　　　　　　　　　　萎蔫干枯

【残留药害症状】西瓜嫁接砧木子叶泛白褪绿，叶缘浅紫色，如图197，嫁接西瓜接穗生长缓慢，整体黄化，如图198。没有使用过任何药剂，只是采用玉米田土作为营养土育苗，应该是大田除草剂土壤残留药害造成。

图197　除草剂残留造成西瓜砧木子叶　图198　除草剂残留造成嫁接秧苗黄化
　　　　褪绿，叶缘紫色

【原因及对应措施】西瓜是一年生草本植物，对农药不同品种、不同成分敏感性不同。生产中有许多瓜农认为，使用的农药越多，对病害防治的效果就越好，或一次性混用多种农药可以同时防治多种病害。其

实不然，病害的发生流行随季节和植株生育期的不同而不同，并不是所有病害或几种病害同时发生，也不是多用几种药或用药量大些就能把所有的病都治好。因此需要掌握病害发生的规律，针对其特点进行预防与救治。在西瓜上用药剂量很严格，尤其是苗期生长调节剂使用浓度和药液量更应该严格掌握，机械化喷施用药需要严格计算药量和行进速度与着药量的相关性，除了要考虑雾滴均匀，还要顾及药剂的漂移性，以免产生药害。不同的农药在不同的西瓜品种及西瓜不同生育期使用剂量是经过科研部门严格试验、示范后才进行推广应用的，施用时应遵守农药包装袋上推荐使用的安全剂量。选择药品种类时，尽量选择复配锰锌的药品进行病害防治。不要贪图某些药品价格便宜，造成达不到防治效果，瓜果品质下降，反而经济损失更大。

西瓜田一般在苗后使用选择性除草剂，移栽时应该严格掌握操作顺序，泗地、整地、平畦、起垄、喷除草剂、覆膜，然后再挖穴定植。这样定植时可以掀开土表有除草剂的药土层，避免对西瓜根系的伤害。北方保护地小拱棚种植西瓜，使用除草剂时尽量用双膜种植模式，即一层地膜一层拱棚，如图199，这样地膜可以有效地将除草剂压在膜下，不会影响西瓜生长。对于一膜两用即前期作拱棚后期作地膜的种植方式，使用除草剂时应该非常谨慎。在密闭的环境里，水汽蒸腾再加上除草剂熏蒸，有害气体会抑制西瓜秧苗生长，使叶片黄化，及时放风、透气非常重要。

图199　一层地膜一层拱棚种植西瓜

新改种西瓜的地块或取用玉米田土壤作营养土育苗的瓜农，应考虑前茬作物使用除草剂的种类和残留分解情况。在先期试种叶菜出苗正常的情况下再种植西瓜或取土育苗。通常我们还是建议采用一次性的基质育苗更安全。

【救治方法】药害救治在实际生产中难度较大。尤其是瓜菜，一旦出现药害，植株生长受到抑制，解救是一个缓慢的调节过程。下面把通过多年救治实践总结的方案按照药害等级叙述如下。

轻度：叶片卷叶、微翘，叶肉皱缩，斑驳花叶，叶柄拉长。

解救措施：①每亩喷施56%氨基酸镁水剂30毫升，对水16升。

②每亩喷施55%氨基酸水剂15毫升，对水16升。

中度：叶片黄化、皱缩、畸形，叶缘脱水性枯干，分化和生长紊乱。

解救措施：①每亩根施56%氨基酸水剂（阿速勃根）500毫升滴灌或喷淋、微冲，辅助喷56%氨基酸镁水剂30毫升+95%海藻酸水剂（甘美）20毫升，对水16升。

②每亩根施55%氨基酸·腐殖酸水剂2千克，喷施3%腐殖酸钾水剂25毫升，对水16升。

③每亩根施12%腐殖酸500毫升，微冲或滴灌，喷施55%氨基酸水剂20毫升，对水16升。

重度：植株明显矮化，叶片畸形，轻度丛枝，叶片黄化褪绿，幼果僵化，叶片烧灼性白化、枯斑等。

解救措施：①每亩根施50%氨基酸水剂1 000毫升，冲施或滴灌。每亩喷施56%氨基酸硼锌锰40毫升，对水16升，5天之后加强1次。

②每亩根施55%氨基酸·腐殖酸水剂2千克，微冲，5天后加强1次。每亩喷施3%腐殖酸钾水剂50毫升+3.4%赤·吲乙·芸可湿性粉剂3克，对水16升喷淋，5天之后加强1次。

③每亩根施12%腐殖酸500毫升，微冲，5天后加强冲施1次腐殖酸，活化根系吸收，促进快速生长。

④喷施55%氨基酸硅水剂25毫升+3.4%赤·吲乙·芸可湿性粉剂3克，对水16升。

整体目标：促根迅速生长和叶片症状缓解。

药剂救治：发生药害后也可单独叶面喷施：56%氨基酸镁水剂400倍液、55%氨基酸水剂400倍液、55%氨基酸硅水剂500倍液、12%腐殖酸300倍液、3.4%赤·吲乙·芸晶体5 000倍液，或芸薹素800倍液加赤霉素30 000倍液等营养菌剂软化叶片，缓解药害造成的脆叶、僵叶等生长异常的畸形症状。

　　建议使用不易熏蒸的辅助授粉药剂，如对氯苯氧乙酸。科学用药，降低药害的发生率。

五、西瓜虫害与防治

蚜　虫

【为害状】蚜虫在西瓜叶背面（图200）和嫩叶生长点（图201）、茎枝尖刺吸为害致使植株变黄、萎缩，如图202，重度为害的植株幼叶畸形卷曲，枝蔓扭曲，如图203。

图200　蚜虫为害西瓜叶片背面

图201　蚜虫刺吸生长点致使茎尖缩顶黄化

图202　蚜虫为害枝蔓茎尖

图203　重度为害的植株叶片畸形卷曲

【为害习性】蚜虫1年可以繁衍10代以上。以卵在越冬寄主上或以若蚜在温室蔬菜上越冬，周年为害。6℃以上时蚜虫就可以活动为害。繁殖适宜温度是16～20℃，春秋时10天左右完成1个世代，夏季4～5天完成1代。每头雌蚜产若蚜60头以上，繁殖速度非常快。温度高于25℃的高湿环境，不利于蚜虫为害，这就是为什么在高温高湿环境下，蚜虫反而减轻的缘故。因此，北方蚜虫为害期多在6月中下旬和7月初。蚜虫对银灰色有趋避性，有强烈的趋黄性。

【防治方法】

生物防治：设施棚室栽培可以放养赤眼蜂防治蚜虫。

设置防虫网：为阻止蚜虫飞入为害，棚室可设置40目（孔径约0.44毫米）防虫网，吊挂黄板，每亩吊挂30块（尺寸25厘米×30厘米），吊于棚室内距风口1米内，诱杀残存在棚室内的蚜虫。

物理防治：可使用复合精油，其杀虫原理是喷施后使害虫被覆盖窒息而死，无有害残留，可在棚室中应用防控暴发性烟粉虱、蚜虫，建议采用"一蘸、一喷、一挂"（一蘸指用35%噻虫嗪悬浮剂3 000倍液穴盘苗蘸根后定植，一喷指定植后10天用35%噻虫嗪悬浮剂20毫升对水16升喷淋幼苗，一挂指使用密闭防虫网，吊挂诱虫黄板）的综合方法，可以达到减药、绿色防虫效果。

药剂防治：

（1）根施灌药：建议利用滴灌设备，在先期滴灌浇水后，再用配好的药剂滴灌入药。菜农俗称"懒汉施药法"，即穴灌施药（灌窝、灌根）。定植前后每亩采用35%噻虫嗪悬浮剂20～30毫升对水45升，随定植水一起淋灌秧苗，或定植苗盘用35%噻虫嗪悬浮剂20毫升对水30升，在移栽前2～3天时，对幼苗进行喷淋，使药液除叶片以外还要渗透到土壤中。持续有效期可达30～40天，有很好的防治粉虱类和蚜虫的效果。用此方法可以有效预防粉虱和蚜虫传播病毒的作用。

（2）喷雾施药：可选用24.7%高效氯氟氰菊酯·噻虫嗪微囊悬浮-悬浮剂1 500倍液、25%噻虫嗪水分散粒剂2 000倍喷施或淋灌（15天1次），或35%噻虫嗪悬浮剂2 000倍液、50%氟啶虫胺腈可分散粒剂1 200倍液、10%吡虫啉可湿性粉剂1 500倍液或2.5%高效氯氟氰菊酯水剂1 500倍液、1%印楝素水剂800倍液喷雾防治，注意安全间隔期。

白　粉　虱

【为害状】以成虫或若虫群集嫩叶背面刺吸汁液，如图204，使叶片褪绿变黄，由于刺吸汁液造成汁液外溢又诱发落在叶面上的杂菌形成霉斑，如图205，严重时霉层覆盖整个叶面及植株，如图206。煤污病即是因白粉虱刺吸汁液诱发叶片霉层而产生的病症。

图204　成虫、若虫群集嫩叶背面刺吸汁液致使叶片褪绿

图205　杂菌形成的霉斑

【为害习性】白粉虱一般在温室为害，常年为害，周年均可发生。白粉虱没有休眠和滞育期，繁殖速度非常快。一个月完成1个世代。雌成虫平均产卵150粒左右，每头雌虫还可以孤雌生殖10头以上的雄性子代。成虫喜食幼嫩枝叶，有强烈的趋黄性。随着温度的提高，繁殖速度加快。18℃时发育历期31.5天，24℃时24.7天，27℃时22.8天。可见温度越高繁殖速度越快，为害就越严重。由此也能看出春末夏初飞虱繁殖加快，到了夏、秋季节烟粉虱为害达到高峰。因此从防治上看应该是越早越好。

图206　严重时霉层覆盖整个叶面及植株

【防治方法】

设置防虫网：为阻止白粉虱飞入为害，设置40目防虫网的大棚吊挂黄板诱杀害虫。

黄板诱杀：每亩吊挂30块（25厘米×30厘米）黄板，置于棚室里风口1米内，诱杀残存在棚室内的粉虱。

药剂防治：

（1）穴灌施药（灌窝、灌根）法。即每亩用强内吸性杀虫剂25%噻虫嗪水分散粒剂1 500 ~ 2 000倍液（1桶水加10 ~ 12克药）在移栽前2 ~ 3天喷淋幼苗，使药液除叶片以外还要渗透到土壤中。还可以在定植时，每亩用35%噻虫嗪水分散粒剂250毫升，对50升水穴灌，持续有效期可达20 ~ 30天，有很好的防治效果，用此方法可以有效预防白粉虱传播病毒的作用。

（2）喷淋施药法。即25%噻虫嗪水分散粒剂2 000倍液、30%噻虫嗪悬浮剂3 000倍液喷施或淋灌，15天1次。还可用10%吡虫啉可湿性粉剂800 ~ 1 000倍液与25%联苯菊酯乳油4 000倍液混用，或10%吡虫啉1 000倍液、1.8%阿维菌素水剂2 000倍液喷雾防治。

白粉虱同蚜虫一起防控，可参照蚜虫的防治用药，尽早采用穴灌施药（灌窝、灌根）才会有理想的防控效果。

红蜘蛛、茶黄螨

【为害状】红蜘蛛是螨类，是瓜农常说的叶片"火龙"的祸首，如图207。用肉眼能看到叶片上小红点似的成虫刺吸为害，如图208，红蜘蛛以成螨或幼螨集中在西瓜叶片背面刺吸汁液，造成褪绿性黄沙点，如图209。仔细查看红蜘蛛常结成细细的丝网，被吸食的叶片正面呈现小斑点，严重时叶片呈黄红色沙点，即火龙状。茶黄螨成螨和幼螨群集在作物幼嫩部位刺吸为害，受害植株叶片变窄，皱缩或扭曲畸形，幼茎僵硬直立，重症植株常被误诊为病毒病，如图210。

蔬菜病虫害绿色防控实战丛书

图207　红蜘蛛严重为害时叶片呈黄红色沙点，即火龙状

图208　被红蜘蛛为害的西瓜褪绿性黄化叶片

| 图209 红蜘蛛重度为害的西瓜叶片 | 图210 幼螨群集为害西瓜枝蔓幼嫩生长部位致使叶片皱缩和畸形 |

【为害习性】红蜘蛛以成螨在蔬菜棚室的土壤里和越冬蔬菜的根际处越冬。依靠爬行、风力和人为操作传带以及苗木转移扩展蔓延。红蜘蛛繁衍很快,成螨对湿度要求不严格,这就是红蜘蛛在干旱、高温环境下为害严重的缘故。红蜘蛛个体移动为害距离不大,这也是其为害点片发生的特点。远距离传播多与人为传带和移栽有关,因此清园的作用非常重要。

【防治方法】

清洁田园:清除上茬蔬菜拉秧后的枝叶,集中烧毁或经过高温腐熟作有机肥再利用,减少虫源,注意净化环境和物料的再利用。

加强肥水管理:重点防止干旱,可减轻为害。

药剂防治:铲除越冬棚室周围的杂草,彻底清除枯枝落叶,以切断虫源。茶黄螨生活周期较短,繁殖力强,应注意早期防治,可选用20%丁氟螨酯悬浮剂1 500～2 500倍液、50%四螨嗪悬浮剂3 000倍液、20%哒螨灵乳油1 500倍液、1.8%虫螨克星水剂2 000～3 000倍液、2.5%联苯菊酯乳油3 000倍液、50%炔螨特乳油2 000倍液或5%噻螨酮乳油2 000倍液喷施。

蓟 马

【为害状】蓟马可以为害西瓜的整个生长期。主要在西瓜的嫩叶(图211)、生长点和花萼上(图212)为害,锉吸叶片汁液,叶脉周围呈白点,重症为害后叶片白点穿孔,如图213,可造成叶片早衰,功能减退。早期为害使瓜失去商品价值。

图211 蓟马为害造成苗期生长点畸形

图212 蓟马刺吸西瓜花

【为害习性】蓟马以成虫和若虫锉吸嫩瓜、嫩梢、嫩叶和花、果的汁液。1年发生8～18代不等。南方因气候温暖繁衍迅速。在北方繁衍稍慢。以卵、若虫和蛹、成虫在土壤中越冬，出土后向上爬行至植株幼嫩部位为害。移动较快，可以跳跃移动。有较强的趋光性和

图213 重度为害后植株呈枯干白点的穿孔畸形叶片

趋蓝特性。南方四季均可为害，北方以夏秋季为害严重。

【防治方法】

设置防虫网：为阻止蓟马飞入为害，大棚和夏季育苗小拱棚加盖40～60目防虫网，清除田间杂草，利用成虫趋蓝特性，设置蓝板诱杀成虫，如图214。

天敌生物防治：将草蛉、小花蝽等释放于设施棚室内或区域田间，并吊挂蓝板诱杀蓟马。

药剂防治：建议采用"懒汉施药法"，即穴灌施药（灌窝、灌根），

用强内吸性杀虫剂30%噻虫嗪悬浮剂3 000倍液，在移栽前2～3天或定植后、开花前后灌根施药，对幼苗进行喷淋，使药液除叶片以外还要渗透到土壤中。农民自己育苗的秧畦可用喷雾器直接淋灌，持效期可达20～30天，有很好的防治蓟马和刺吸式害虫的效果。

图214　蓝板诱杀蓟马

喷雾施药：可选用20%丁氟螨酯悬浮剂1 500～2 500倍液、40%乙基多杀菌素悬浮剂2 000倍液、24.7%噻虫嗪·高效氯氟氰菊酯微囊悬浮剂1 500倍液，或35%噻虫嗪悬浮剂+5%虱螨脲乳油1 500倍液混用，喷施或淋灌，15天1次，或10%吡虫啉可湿性粉剂800～1 000倍液与2.5%高效氯氟氰菊酯水剂1 500倍液混用，或1.8%阿维菌素水剂2 000倍液喷雾防治。生产实践中，采用24.7%噻虫嗪·高效氯氟氰菊酯微囊悬浮剂1 500倍液+5%虱螨脲乳油1 500倍液混后施药，对蓟马成虫、若虫和卵防治效果不错。

潜　叶　蝇

【为害状】潜叶蝇可以为害西瓜的整个生长期，从子叶到生长各个时期的叶片均可受害。以幼虫潜入叶片，如图215，刮食叶肉，留下弯弯曲曲的潜道，严重时叶片布满灰白色线状隧道，如图216。

【为害习性】潜叶蝇多以幼虫为害。成虫会钻出潜道在叶片表面化蛹。大多在春季和春夏交替时节为害重。设施栽培春季无防护网和裸露风口时间过长的时有发生。

图215 潜叶蝇潜入叶片形成隧道

图216 布满灰白色线状隧道的重症叶片

【防治方法】

设置防虫网：为阻止潜叶蝇进入棚室为害，棚室入口和通风口可设置40目防虫网。

黄板诱杀：每亩设置25～30块黄板（25厘米×30厘米），诱杀成虫。

药剂防治：早期可以选用药剂灌根，用30%噻虫嗪·氯虫苯甲酰胺悬浮剂滴灌，滴灌最后阶段每亩施药50毫升，药效可以持续一个生育期。也可选用24.7%噻虫嗪·高效氯氟氰菊酯微囊悬浮-悬浮剂1 500倍液、5%高效氯氟氰菊酯·氯虫苯甲酰胺悬浮剂1 500倍液、25%噻虫嗪水分散粒剂2 000倍喷施或淋灌，15天1次，或用10%吡虫啉可湿性粉剂1 500倍液、2.5%氯氟氰菊酯水剂1 500倍液或1.8%阿维菌素乳油2 000倍液喷施。注意保证安全间隔期。

棉 铃 虫

【为害状】幼虫蛀食西瓜花（图217）和嫩叶（图218），致使落花和叶片缺刻，受害花蕾苞叶张开，变黄，脱落，受害花雌、雄蕊被吃光，不能坐瓜。幼虫蛀食幼瓜瓜皮会造成果皮缺刻，如图219，幼虫钻入果实为害，造成果实脱落或腐烂，失去商品价值。

【为害习性】棉铃虫食性很杂，除了为害棉花、玉米、小麦等大田作物之外，也能为害番茄、甜瓜、茄子、西瓜、南瓜、豆类、甘蓝等蔬菜，以幼虫蛀食叶片和幼瓜。6月中下旬，二代棉铃虫于露地夏秋季西瓜生长期发生。越夏、露地种植的西瓜和设施栽培的秋季、秋延后西瓜

图217　幼虫蛀食花蕾

图218　幼虫蛀食西瓜嫩叶

会在7月初遭受二代棉铃虫幼虫为害，在盛瓜期的9月遭受四代棉铃虫或烟夜蛾幼虫为害。防治要抓住卵期、低龄幼虫期进行。

棉铃虫在我国广泛分布，由北向南1年发生3～7代，在辽宁、河北北部、内蒙古、新疆等地1年发生3代，华北4代，长江以南5～6代，云

图219　幼虫蛀食瓜皮造成缺刻

南7代。在华北地区，第一代幼虫为害期为5月下旬至6月下旬，第二代幼虫发生为害盛期在6月下旬至7月，第三代幼虫为害期在8～9月，第四代幼虫主要发生在9月至10月上中旬。可见，棉铃虫各代在中后期发生时代不整齐，在同一时间往往可见到各种虫态，因此，各种蔬菜只要生育期适合（花、蕾、果），都会受到棉铃虫为害。

棉铃虫成虫为中型的蛾子，体长15～20毫米，翅展31～40毫米，前翅灰褐或灰绿色，中前部位有一对肾形斑和环形斑。卵呈馒头形，有纵隆纹，初产时乳白色，逐渐变黄，变黑后孵出幼虫。初孵幼虫个体很小，黑色，经过4～5次蜕皮不断长大，最大时体长40～50毫米。棉铃虫幼虫长大后因为食物等原因，体色可呈不同类型，或全绿色，或淡红色、褐色等，但体背和体侧都带有不同颜色的纵线。棉铃虫成虫具有趋光性、趋化性，所以利用黑光灯、糖醋液和杨树枝把可以诱杀成虫。

棉铃虫的卵为散产，幼虫孵出后，有取食卵壳的习性，所以卵期喷施只有胃毒作用的药剂，例如苏云金杆菌制剂，也能起到杀虫作用。

棉铃虫幼虫孵化后一龄到二龄一直在作物表面取食和爬行，二龄后期钻蛀。所以在钻蛀之前进行喷药防治能收到更好的效果。

【防治方法】

农业防治：结合田间管理，及时整枝打杈，把嫩叶、嫩枝上的卵及幼虫一起带出田外烧毁或深埋；结合采收，摘除虫果集中处理，可减少田间卵量和幼虫量。

诱杀成虫：使用诱虫灯（图220）、杨树枝把、糖醋液诱杀成虫，可减少田间虫源。

生物防治：在卵高峰时喷施16 000国际单位/毫克苏云金杆菌(Bt)高含量可湿性粉剂，每亩300克对水喷雾。在棉铃虫产卵始、盛、末期释放赤眼蜂。每亩放蜂1.5万头，每次放蜂间隔期3～5天，连续3～4次。

药剂防治：虫卵高峰3～4天后，可用Bt粉剂800倍液、20%高效氯氟氰菊酯·氯虫苯甲酰胺悬浮剂1 500倍液、30%噻虫嗪·氯虫苯甲酰胺3 000倍液、40%噻虫嗪·氯虫苯甲酰胺水分散粒剂3 000倍液、20%氯虫苯甲酰胺水分散油悬浮剂2 000倍液、5%虱螨脲乳油1 000～1 500倍液、2.5%高效氯氟氰菊酯水剂1 000倍液喷施。注意保证安全间隔期。

图220　田间架设诱虫灯

六、不同栽培方式西瓜一生系统化防控整体解决方案（大处方）

（一）早春西瓜保健性绿色防控大处方（2～5月）

定植前：撒药土。移栽时每亩用10亿个芽孢/克枯草芽孢杆菌可湿性粉剂1～2千克拌细沙土，随定植沟撒施于沟畦中，以刺激根系活性和缓苗。

移栽田间缓苗后开始进行以下操作，完成第一步后间隔30天再进行第二步操作，依此类推。

第一步：灌根施药或水肥药一体化施药。每亩用25%嘧菌酯悬浮剂50毫升+6.25%精甲霜灵·咯菌腈悬浮种衣剂100毫升+阿速勃根500毫升，持效期30天。

第二步：完成第一步30天后，喷施32.5%吡唑萘菌胺·嘧菌酯悬浮剂1 500倍液+途保康400倍液。

第三步：完成第二步10～15天后，喷施32.5%苯醚甲环唑·嘧菌酯悬浮剂1 000倍液+47%春雷·王铜可湿性粉剂400倍液一次（1桶水中加入10毫升苯醚甲环唑·嘧菌酯和25克春雷·王铜），直至收获。看天气情况灵活掌握。图221和图222为西瓜一生系统化防控下田间长势。

（二）露地或拱棚西瓜保健性绿色防控大处方（4～7月）

定植前：撒药土。移栽时每亩用10亿个芽孢/克枯草芽孢杆菌可湿性粉

图221　早春架式西瓜田间长势

图222　早春爬蔓西瓜田间长势

剂1～2千克拌细沙土，随定植沟撒施于沟畦中，以刺激根系活性和缓苗。

移栽田间缓苗后，从团棵期开始进行以下操作，完成第一步后隔7～10天再进行第二步操作，依此类推。

第一步：灌根。定植田间时用35％噻虫嗪悬浮剂10毫升+6.25％精甲霜灵·咯菌腈悬浮种衣剂对15升水，淋灌西瓜苗，可以与定植水一起灌根（注意定植水完全渗透后再淋灌施药）。

第二步：团棵期喷施56％百菌清·嘧菌酯悬浮剂一次，100毫升药液对3桶水。

第三步：完成第二步10天后，每亩根施或水肥药菌一体化施用25％嘧菌酯悬浮剂50毫升+益施帮250毫升一次。

第四步：完成第三步25～30天后，喷施32.5％苯醚甲环唑·嘧菌酯悬浮剂10毫升对1桶水，根据虫害实际情况，酌情防治鳞翅目害虫。西瓜成熟前15天喷施47％春雷·王铜可湿性粉剂400倍液一次，防控细菌性果腐病。图223和图224分别为拱棚西瓜和地膜西瓜绿色示范田间长势。

图223　拱棚西瓜绿色示范田间长势

图224　地膜西瓜绿色示范田间长势

（三）半吊蔓棚室或多茬西瓜保健性绿色防控大处方
（三灌二喷法）

定植前：撒药土。移栽时每亩用10亿个芽孢/克枯草芽孢杆菌可湿性粉剂1～2千克拌细沙土，随定植沟撒施于沟畦中，以刺激根系活性和缓苗。

定植时：每亩用68%精甲霜灵·锰锌可分散粒剂60克对水30升，喷土壤表面（防控西瓜茎基腐病、猝倒病）。

定植后15天开始进行以下操作。

第一步：每亩用25%嘧菌酯悬浮剂100毫升+35%噻虫嗪悬浮剂50毫升对水150升，淋西瓜秧根，防控死秧和刺吸性害虫传毒。

第二步：30天后每亩灌25%嘧菌酯悬浮剂200毫升+35%噻虫嗪悬浮剂100毫升+10亿个芽孢/克枯草芽孢杆菌1千克，冲施或滴灌于西瓜秧下面的畦中。冲施或滴灌可以先对水50升稀释成母液，然后随滴灌或冲施浇水冲淋入行间沟中，30～35天1次。以保根壮秧，预防炭疽病、白粉病、枯萎病，防止死秧。

第三步：35天后采收完第一茬西瓜后每亩用25%嘧菌酯悬浮剂200毫升+35%噻虫嗪100毫升+47%春雷·王铜可湿性粉剂400克（阿加组合）冲施土畦，以保根壮秧，控制病毒病和白粉病。

第四步：30天后采收完第二茬西瓜后每亩喷32.5%苯醚甲环唑·嘧菌酯悬浮剂1 000倍液或32.5%吡唑萘菌胺·嘧菌酯悬浮剂1 500倍液+47%春雷·王铜可湿性粉剂400倍液（阿加组合），以保根壮秧，控制病毒病和白粉病、果腐病。

第五步：根据情况喷施75%百菌清可湿性粉剂500倍液+益施帮1 000倍液，根据实际情况可喷药，也可不喷药。

七、生产中易出现的问题处置方案（小处方）

（一）秧苗抗寒、解药害、阴霾天气植株生长调理小处方

设施蔬菜在弱光、寒冷、药害等极端条件下经常会生长异常。可以使用生物营养液调节，增强植株肥水吸收活力，同时可尝试选用生物活性动力素益施帮500倍液或阿速勃叶400倍液，或内源生长调节剂3.4%赤·吲乙·芸可湿性粉剂2 000倍液喷施叶片。

（二）农家肥肥害补救小处方

（1）底肥已经施入未腐熟农家肥的补救。设施蔬菜定植前，若已经施入未腐熟农家肥，可追施腐菌酵素，按照每2～3米³未腐熟农家肥掺入2千克腐菌酵素的比例撒施，旋耕后浇小水，3天后即可定植。棚室内无臭味熏棚。

（2）苗期农家肥烧苗的补救。用10亿个芽孢/克枯草芽孢杆菌500倍液灌根，每亩用药200克在苗期第一次浇灌时随水冲施。或每亩大棚使用4千克腐菌酵素，补充土壤中优质微生物，减轻农家肥烧苗现象。

（3）定植后肥害的补救。底施生粪造成烧苗，可用腐菌酵素缓解肥害，每2千克腐菌酵素可随水冲施3分地；或利用腐菌酵素灌根，每2千克腐菌酵素对50千克水，灌1 000棵苗。

（三）越冬栽培补光促长小处方

北方冬季昼短夜长，阴霾天、雨雪连阴天多发，低温弱光环境对植株生长极为不利。生产中常用补光灯和反光膜来增加光照。方法是：架设植物生长灯，每5延长米架设一盏，早晚各延长灯光照射2小时，同时在后墙上铺贴反光膜，以增加散射光。同时架设二氧化碳释放器，增强植株光合作用，促进设施蔬菜健壮生长。

（四）种子药剂包衣防病小处方

用6.25%咯菌腈·精甲霜灵10毫升，对水150～200毫升可包衣3～4千克种子，可有效防治苗期立枯病、炭疽病、猝倒病等。

（五）苗床土配制、消毒小处方

取没有种过蔬菜的大田土与腐熟的有机肥按6：4混匀，并按每立方米苗床土加入68%精甲霜灵·锰锌水分散粒剂100克和2.5%咯菌腈悬浮剂100毫升拌土一起过筛混匀。用处理后的土壤装营养钵或铺在育苗畦上，可以预防苗期立枯病、炭疽病和猝倒病，并在种子播种覆土后，用68%精甲霜灵·锰锌水分散粒剂400倍液喷洒苗床表面，进行封闭。有较好的预防苗期病害的作用。

（六）穴盘营养基质消毒小处方

按草炭：蛭石2：1的比例配制穴盘营养基质，每立方米基质加入氮、磷、钾比例为15：15：15的三元复合肥1～1.5千克（如果是冬春季节育苗，每立方米基质要加入三元复合肥2千克），同时加入100克68%精甲霜灵·锰锌可分散粒剂和100毫升2.5%咯菌腈悬浮剂做杀菌处理。

（七）农家肥发酵处理小处方

将未腐熟的鸡、牛、猪粪在卸车时掺入腐菌酵素和作物秸秆拌匀，也可加入5千克碳酸氢铵，升温高，发酵快。比例是每2～3米³农家肥+500千克粉碎后的秸秆+2千克腐菌酵素，混好后用废弃的塑料膜盖好封严，10～15天即可完全发酵。

（八）新建棚室土壤改良小处方

每亩用6～8米³农家肥加6千克腐菌酵素混合均匀施于棚内，深耕土壤，可增强土壤通透性及活性，7～10天后即可定植作物。

（九）高温闷棚杀菌小处方

洁净棚室：在6～7月，上茬作物收获后，清除作物残体，除尽田间杂草，运出棚外集中深埋或烧毁。

铺施秸秆：将玉米秸、麦秸、稻秸等作物秸秆利用器械截成3～5厘米的寸段，玉米芯、废菇料等粉碎后，按照每亩1 000～3 000千克的用料量均匀铺撒在棚室内。

铺施有机肥：将鸡粪、猪粪、牛粪等腐熟的有机肥每亩3 000 ~ 5 000千克均匀铺撒在秸秆上或与作物秸秆充分混合后铺撒，同时拌入氮、磷、钾有效含量为15 ： 15 ： 15的三元复合肥30千克或磷酸二铵15千克。具体用量可根据土壤肥力、下茬作物类型及种植模式选择决定。

撒施速腐剂：施入速腐剂如腐菌酵素，每亩混用2 ~ 3千克，深翻25 ~ 40厘米，整地做成利于灌溉的平畦。

灌水：灌水至土壤充分湿润，相对湿度达到85%左右，即地表无明水，用手攥土团不散。

双层覆盖：用地膜或整块塑料薄膜覆盖地面，密封各个接缝处。同时封闭棚室并检查棚膜，修补破口漏洞，并保持清洁和良好的透光性。

闷棚时间：密闭后的棚室，保持棚内高温高湿状态25 ~ 30天，其中至少有累计15天以上的晴热天气。高温闷棚期间应防止雨水灌入棚室内。闷棚可以持续到下茬作物定植前5 ~ 10天。

定植准备揭膜晾棚：打开通风口，揭去地膜晾棚。待地表干湿合适后，可整地作畦为下茬作物栽培做准备。

（十）幼苗壮秧抗病小处方

蔬菜幼苗出齐长出真叶后，可对其进行壮秧防病生物菌药处理。即用55%益施帮水乳剂500倍液喷施，或用10亿个芽孢/克枯草芽孢杆菌100倍液淋灌幼苗，促进秧苗生长，增强秧苗抗逆性。

（十一）育苗期防控病毒病小处方

首先，设施棚室风口加设50目防虫网；其次，棚室内设置黄板诱杀传毒媒介害虫，每亩设30块；最后，用35%噻虫嗪悬浮剂2 000 ~ 3 000倍液喷淋幼苗，使药液除叶片以外还要渗透到土壤中，持续有效期可达30天以上。可有效防控粉虱和蚜虫，防止传播病毒病。

（十二）秧苗茎基腐病防控小处方

秧苗定植前，用68%精甲霜灵·锰锌水分散粒剂500倍液，或6.25%精甲·咯菌腈500倍液，喷施于定植穴土壤表面，而后进行秧苗定植，可有效防控茎基腐病。

（十三）辅助授粉小处方

用5%吡效隆水剂浸瓜或加入到蘸花药液中。

（十四）西瓜蘸花防控灰霉病小处方

灰霉病是花期侵染，辅助授粉蘸花的用药就非常重要。蘸花防控灰霉病的方法是：将配好的蘸花药液中每1 500 ～ 2 000毫升加入10毫升2.5%咯菌腈悬浮剂，浸瓜或涂抹时使花器均匀着药。

八、西瓜主要生育期病虫害防治历

生育期	易发病虫害	防治对策	栽培模式	绿色防控药剂救治
育苗/定植前	土传病害，猝倒病、立枯病、炭疽病、根腐病	土壤消毒，采用一次性无菌基质土，生物菌药1：100的比例	穴盘育苗营养钵育苗	50千克苗床土加20克68%精甲霜灵·锰锌水分散粒剂和10毫升2.5%咯菌腈悬浮剂拌土过筛混匀，可装营养钵或铺育苗畦上10亿个芽孢/克枯草芽孢杆菌可湿性粉剂200倍液淋盘
	寒害烟害肥害	保暖、除湿采用密闭煤炉烟道设施或天然气暖道式加热，降低生长季节使用浓度的1/2	越冬栽培、冬春定植、育苗	10亿个芽孢/克枯草芽孢杆菌可湿性粉剂100倍液，或55%益施帮水乳剂400倍液、3.4%赤·吲乙·芸可湿性粉剂5 000倍液、90%氨基酸复微肥500倍液，滴灌或喷施
移栽定植	茎基腐病根腐病	种植沟穴封闭土壤杀菌，降湿，定植前沟施药剂	越冬栽培、冬春茬栽培、早春栽培、冬早春季茬口	68%精甲霜灵·锰锌水分散粒剂600倍液，或6.25%精甲霜灵·咯菌腈悬浮剂800倍液、72.2%霜霉威水剂800倍液、68.75%氟吡菌胺·霜霉威盐酸盐水剂800倍液浸盘、淋灌或喷施 10亿个芽孢/克枯草芽孢杆菌可湿性粉剂300倍液喷淋
	寒害	多层膜保温，注意降低湿度		56%螯合氨基酸水剂500倍液、90%氨基酸复微肥400倍液喷施
	蚜虫烟粉虱	苗盘浸盘，土壤表层药剂处理，药剂淋灌	冬早春栽培、春提前栽培、春季栽培	30%噻虫嗪悬浮剂3 000倍液喷淋或淋根设置防虫网，黄板诱杀

蔬菜病虫害绿色防控实战丛书

生育期	易发病虫害	防治对策	栽培模式	绿色防控药剂救治
开花期	灰霉病	根施嘧菌酯整体防控，加强花期喷药预防	越冬栽培、春季栽培、弱光露地栽培	50%咯菌腈可湿性粉剂3 000倍液、50%嘧霉环胺水分散粒剂1 200倍液、50%乙霉威可湿性粉剂600倍液、50%啶酰菌胺可湿性粉剂1 000倍液
	菌核病	根施嘧菌酯整体防控		25%嘧菌酯悬浮剂1 500倍液灌根，每亩用药60～100毫升，或用50%啶酰菌胺可湿性粉剂1 000倍液、32%吡唑奈菌胺·嘧菌酯悬浮剂1 200倍液喷施
	病毒病烟粉虱蚜虫蓟马	灭蚜虫、蓟马、白粉虱，吊挂诱集黄、蓝板诱杀传毒害虫，培养壮秧，早起身，早封垄		24.7%高效氯氟氰菊酯·噻虫嗪微囊悬浮-悬浮剂1 200倍液、35%噻虫嗪悬浮剂3 000倍液、10%吡虫啉可湿性粉剂1 000倍液喷施

九、常用农药通用名称与商品名称对照表

作用类型	商品名称	通用名称	剂 型	含量(%)	主要生产厂家
杀菌剂	金雷	精甲霜灵·锰锌	水分散粒剂	68	先正达
杀菌剂	瑞凡	双炔菌酰胺	悬浮剂	25	先正达
杀菌剂	银法利	氟吡菌胺·霜霉威盐酸盐	水剂	68.75	拜耳
杀菌剂	世高	苯醚甲环唑	水分散粒剂	10	先正达
杀菌剂	适乐时	咯菌腈	悬浮剂	2.5	先正达
杀菌剂	达克宁	百菌清	可湿性粉剂	75	先正达
杀菌剂	甲基托布津	甲基硫菌灵	可湿性粉剂	70	国内企业
杀菌剂	霜清	霜脲·锰锌	可湿性粉剂	72	国内企业
杀菌剂	霜疫清	霜脲·锰锌	可湿性粉剂	72	国内企业
杀菌剂	杀毒矾	噁霜·锰锌	可湿性粉剂	64	先正达
杀菌剂	普力克	霜霉威	水剂	72.2	拜耳
杀菌剂	阿米西达	嘧菌酯	悬浮剂	25	先正达
杀菌剂	菌神	啶氧菌酯	悬浮剂	22.5	河北三农化工
杀菌剂	可得净	吡唑醚菌酯	悬浮剂	25	河北三农化工
杀菌剂	大生	代森锰锌	可湿性粉剂	80	科迪华公司
杀菌剂	阿米多彩	嘧菌酯·百菌清	悬浮剂	56	先正达
杀菌剂	农利灵	乙烯菌核利	干悬浮剂	50	巴斯夫

作用类型	商品名称	通用名称	剂　型	含量(%)	主要生产厂家
杀菌剂	多霉清	乙霉威·多菌灵	可湿性粉剂	50	保定化八厂
杀菌剂	灰霉灵	乙霉威·多菌灵	可湿性粉剂	50	国内企业
杀菌剂	阿米妙收	苯醚甲环唑·嘧菌酯	悬浮剂	32.5	先正达
杀菌剂	加瑞农	春雷·王酮	可湿性粉剂	47	江门植保科技
杀菌剂	加收米	春雷霉素	水剂	2	江门植保科技
杀菌剂	噻唑锌	噻唑锌	可湿性粉剂	30	国内企业
杀菌剂	凯泽	啶酰菌胺	可湿性粉剂	50	巴斯夫
杀菌剂	阿克白	烯酰吗啉	可湿性粉剂	50	巴斯夫
杀菌剂	百泰	吡唑醚菌酯·代森联	水分散粒剂	65	巴斯夫
杀菌剂	克露	霜脲·锰锌	可湿性粉剂	72	科迪华公司
杀菌剂	绿妃	吡唑奈菌胺·嘧菌酯	悬浮剂	32.5	先正达
杀菌剂	露娜森	氟吡菌酰胺·肟菌脂	悬浮剂	42.8	拜耳
杀菌剂	健达	氟唑菌酰胺·吡唑醚菌酯	悬浮剂	42.4	巴斯夫
杀菌剂	增威赢绿	氟噻唑吡乙酮	可分散油悬浮剂	10	富美实
杀菌剂	冠菌铜	琥珀酸铜	悬浮剂	30	国内企业
杀菌剂	扑海因	异菌脲	可湿性粉剂	50	巴斯夫、国内企业
杀菌剂	HNC-2	枯草芽孢杆菌	可湿性粉剂	10亿个/克	河北科绿丰

作用类型	商品名称	通用名称	剂　型	含量(%)	主要生产厂家
杀菌剂	噁霉灵	敌克松·多菌灵	可湿性粉剂	98	山东企业
杀菌剂	爱苗	丙环唑·苯醚甲环唑	乳油	25	先正达
杀菌剂	可杀得	氢氧化铜	可湿性粉剂	77	科迪华公司
杀菌剂	凯润	吡唑醚菌酯	乳油	25	巴斯夫
杀菌剂	品润	代森锌	干悬浮剂	70	巴斯夫
杀菌剂	福气多	噻唑磷	颗粒剂	10	浙江石原
杀菌剂	施立清	噻唑磷	颗粒剂	10	河北威远
杀菌剂	速克灵	腐霉利	可湿性粉剂	50	日本住友
杀虫剂	阿克泰	噻虫嗪	水分散粒剂	25	先正达
杀虫剂	锐胜	噻虫嗪	悬浮剂	35或70	先正达
杀虫剂	美除	虱螨脲	乳油	5	先正达
杀虫剂	四螨嗪	联苯菊酯	乳油	70	富美实、国内企业
杀虫剂	福利星	噻虫胺	悬浮剂	30	富美实
杀虫剂	护净	噻虫胺	悬浮剂	20	威远生化
杀虫剂	青岚	高效氯氟氰菊酯	水剂	5	威远生化
杀虫剂	功夫	高效氯氟氰菊酯	水剂	2.5	先正达

作用类型	商品名称	通用名称	剂 型	含量(%)	主要生产厂家
杀虫剂	吡虫啉	吡虫啉	可湿性粉剂、乳油	70	威远生化、三农化工等
杀虫剂	虫螨克星	阿维菌素	乳油	1.8	威远生化、三农化工
杀虫剂	帕力特	虫螨腈	悬浮剂	24	巴斯夫
杀虫剂	度锐	噻虫嗪·氯虫苯甲酰胺	悬浮剂	30	先正达
杀虫剂	福戈	噻虫嗪·氯虫苯甲酰胺	水分散粒剂	40	先正达
杀虫剂	美除	虱螨脲	乳油	5	先正达
杀虫剂	艾绿士	乙基多杀霉素	水分散粒剂	48	科迪华公司
杀虫剂	倍内威	溴氰虫酰胺	可分散油悬浮剂	10	富美实
杀虫剂	康宽	氯虫苯甲酰胺	水分散粒剂	20	富美实
杀虫剂	可立施	氟啶虫胺腈	水分散粒剂	50	科迪华公司
杀螨剂	金螨酯	丁氟螨酯	悬浮剂	20	富美实
杀螨剂	螨骇	四螨嗪	悬浮剂	50	三农化工
植物生长调节剂	九二〇	赤霉素	晶体	75	上海同瑞
植物生长调节剂	阿速勃沃土	左旋氨基酸活性剂	水剂	56	河北优农生物
植物生长调节剂	阿速勃根	氨基酸活性剂	水剂	56	河北优农生物
植物生长调节剂	阿速勃叶	左旋氨基酸	水剂	56	河北优农生物
植物生长调节剂	阿速勃钾镁	螯合氨基酸钾镁	水剂	56	河北优农生物

作用类型	商品名称	通用名称	剂型	含量(%)	主要生产厂家
植物生长调节剂	阿速勃硼钙	螯合全左旋氨基酸硼钙	水剂	56	河北优农生物
植物生长调节剂	爱沃富	螯合氨基酸	水剂	55	江门植保科技
植物生长调节	途保康	氨基酸硅	水剂	55	江门植保科技
植物生长调节剂	益施帮	氨基酸活性剂	水剂	55	先正达
植物生长调节剂	碧护	赤·吲乙·芸	可湿性粉剂	3.4	北京成禾佳信
生物类肥料	伊万腐殖酸	腐殖酸	水剂	90	保定根地高
生物类肥料	根真多	生物钾肥	水剂	2	闯沃生物
生物类肥料	发酵菌	腐菌酵素	可湿性粉剂	20	山西大学

九、常用农药通用名称与商品名称对照表

蔬菜病虫害绿色防控实战丛书